超强记忆训练宝典

袁文魁·著

中国纺织出版社有限公司

内 容 提 要

袁文魁是中国记忆培训领域最杰出的教练之一，他不仅培养出中国第一位世界记忆总冠军王峰和70多位世界记忆大师，还帮助很多中小学生提高了记忆力和学习成绩。在本书，袁文魁从大脑八大功能区入手，带领读者了解记忆的规律；介绍了观察记忆法、形象记忆法、配对联想法、定桩记忆法、锁链故事法、歌诀记忆法、图示记忆法和思维导图法等多种高效的记忆方法，每种方法作者都结合学习、生活和工作中具体的实例进行了运用展示，运用场景需要特别注意的地方也做了总结，作者还在文末介绍了如何考取世界记忆大师。提升记忆力的意义不仅仅在于学习成绩和工作效率的提高，还让你掌握新的思维方式，进而领略潜能的魅力。

图书在版编目（CIP）数据

超强记忆训练宝典 / 袁文魁著. --北京：中国纺织出版社有限公司，2021.4 （2021.6重印）
　ISBN 978-7-5180-8365-7

Ⅰ. ①超… Ⅱ. ①袁… Ⅲ. ①记忆术 Ⅳ. ①B842.3

中国版本图书馆CIP数据核字（2021）第022923号

责任编辑：郝珊珊　　责任校对：王蕙莹　　责任印制：储志伟

中国纺织出版社有限公司出版发行
地址：北京市朝阳区百子湾东里A407号楼　邮政编码：100124
销售电话：010—67004422　传真：010—87155801
http://www.c-textilep.com
中国纺织出版社天猫旗舰店
官方微博http://weibo.com/2119887771
天津千鹤文化传播有限公司印刷　各地新华书店经销
2021年4月第1版　2021年6月第2次印刷
开本：710×1000　1/16　印张：14
字数：184千字　定价：58.00元

前言

练就超强记忆力，让你学习工作更如意

你好，我是世界记忆总冠军教练袁文魁。

在这本书里，我将浓缩我十多年来记忆教学的精华，教你一套行之有效的记忆训练系统，让你也可以拥有最强大脑！

我从2003年开始接触记忆法，借由它考取武汉大学并保送研究生，2008年我成为中国第九位"世界记忆大师"，之后培养出中国第一位世界记忆总冠军王峰，以及其他70多位"世界记忆大师"，年龄最大的是45岁的环卫工人张闯，年龄最小的是11岁的丁文萱。其中有20多位选手参加过江苏卫视《最强大脑》节目，包括获得过两届"全球脑王"称号的陈智强。

在训练他们的过程中，我发现，记忆力除了极少量的天赋，更重要的是靠方法训练出来的。

《最强大脑》的科学判官Dr.魏也说：

"千万别以为选手们具有与生俱来的'超能力'，常人无法学习。其实每个普通人，只要愿意，都有可能练成记忆大师。天才和非天才，除了一定的天赋差异之外，最重要的差别在于动机，他们的动机更强，更执着。"

最近这几年，我在我创办的文魁大脑俱乐部，除了给很多中小学生传授记忆法，还教了非常多的成年学员，他们的年龄大多为20~40岁，主要有以下三大困扰和需求：

第一大困扰：记忆力衰退

现在很多年轻人也会健忘，别人反复叮嘱的事情，结果他扭头就忘了；

老板安排的工作，经常被催了才想起来；

经常忘掉账号密码，反复试错被冻结账号；

有的人生日和纪念日想不起，让家人很失望、很生气。

健忘可能和以下因素有关，包括抽烟喝酒、经常熬夜、暴饮暴食、依赖手机、压力过大、用脑过度、身心疾病等，但也可以借助记忆法来改善。

第二大困扰：学习考试

信息时代资讯更新太快，想要不被淘汰，必须要终身学习。不论是参加各种培训课程，还是看书准备考证，很多人觉得太难了，记忆力大不如学生时代，今天看的，明天啥都想不起来，但是没有这些证书，可能升职加薪无望，甚至连进入这个行业都困难。

第三大困扰：亲子教育

父母都希望孩子大脑更聪明，学习轻松且成绩优异，如果还是重复过去的笨办法，根本无法跟上现在的教育节奏。

我有很多学员，在孩子还很小时，就开始学习记忆法，帮助自己成长的同时，以后也可以教孩子，好爸妈胜过好老师嘛，还可以省下至少几万的培训费呢！父母是"原件"，孩子是"复印件"，父母成为记忆高手，孩子也会来效仿。

因为这些困扰，每年有几百人来参加我的面授课程，但也有很多人因为无法请假、财力有限、家人不理解等原因，没有办法参与。

我真心希望，曾经帮助我和学生们改变命运的记忆法，能够更好地普及给全中国热爱学习的朋友们，帮助大家为记忆赋能，成为过目不忘的学习高手。为此，我创作了几本记忆类书籍，这是其中的一本。

这本书分为四章：

第一章：大脑记忆原理篇

我会为你揭秘大脑的八大功能区，包括理解功能区、传达功能区、情感功能区等，分享通过这些功能区如何训练你的记忆力。我还会分享记忆的运作规律，让你能够效率倍增！

第二章：高效记忆方法篇

我精选了世界记忆大师最常用的一些记忆法，包括观察记忆法、形象记忆法、配对联想法、锁链故事法、定桩记忆法等，用最通俗易懂的方式，结合学习和工作中的实例，让你轻松掌握，发现记忆原来是如此有趣，如此高效！

第三章：记忆方法的运用篇

有受英语单词折磨的朋友们，单词记忆法一定不要错过，我曾经用它们一周搞定几千个单词；热爱阅读书籍但记不住核心内容的你，我将分享我每年读100本书的速读记忆秘诀给你。

另外，还有文章记忆、诗词记忆、考试记忆、职场生活记忆等不同的专题，总有一款适合你！

第四章：记忆大师篇

让你也可以过一把"记忆大师"瘾。世界记忆运动理事会每个月都有认证记忆大师考级活动，当你学完随机词汇、随机数字、随机扑克的记忆方法，并且训练几个星期，就有可能达到四到六级的标准。未来，你还有可能参加世界记忆锦标赛，成为"世界记忆大师"哦！

接下来的学习，让我们一起享受记忆法的乐趣，去见证记忆法的神奇，期待你们分享你们的学习奇迹！好啦，跟我一起赶快进入第一章，开启大脑记忆的探秘之旅吧！

2020年11月

目 录

第四章　记忆大师篇 ↪ 173

后记　在逆境中坚守自己的热爱 ↪ 214

第一章
大脑记忆原理

第一节　学前记忆测试：你的记忆到底怎么样

首先我们来一个摸底测验，《孙子兵法》说："知己知彼，百战不殆"，如果把学习比作一场作战，那么记忆就是我们的强大武器之一，如果连武器的能量值和杀伤力都不知道，还能怎样去更好地升级我们的武器装备呢？

我们都知道，IQ是智商，EQ是情商，但你知道MQ是什么吗？MQ是"记忆商数"，就是我们记忆力的水平。那如何可以测得你的MQ呢？心理学界最著名的就是《韦氏记忆量表》，它包括时间和空间记忆、数字顺序关系、逻辑记忆、顺背和倒背数目、视觉再生和联想学习等测试。我国则有许淑莲主持编制的《临床记忆量表》，包括指向记忆、联想、图像自由回忆、无意义图形再认和人像特点联系回忆等测验。

这些测试需要专业人士来操作，这里我仅挑选部分测试，大家可以通过测试，大致了解自己在某些方面的记忆水平。现在你需要找一个安静的环境，准备一支笔和一张纸，将手机调到飞行模式。测试前，可以做几次深呼吸，放松自己的心情，告诉自己："我的记忆力非常棒！"

第一项测试：短时记忆容量测试

短时记忆容量又称为记忆广度，是心理学里的经典记忆测试，是指彼此无关的事物，在短暂呈现后，你能够记住的最大数量，一般会用数字或字母来测试。我们的测试将以数字的形式呈现，每次测试有20个数字，请你每秒看一个数字，看完一遍后，尝试把数字按顺序写出来。为了保证你能够呈现出最高的水平，我会提供两次测试的机会，取你的最好成绩。

　　1. 第一组数字：0188　9138　5924　0951　8394

　　2. 第二组数字：7393　4549　1642　1495　2413

你写下来多少个呢？目前世界记忆锦标赛的冠军可以每秒一个的速度听对547个，但是没有学习过记忆法的人呢？美国心理学家 Miller 研究表明，一般人的短时记忆广度为 7 ± 2 个，也就是5个到9个之间。所以，如果你在4个以下，你进步的空间就比较大；如果在5到9个之间，属于正常水平；如果能够在10到20个之间，就比较优秀；如果你觉得20个太少了，你一定是学过记忆法的，毫无疑问！我会在后面的数字记忆分享里，让你做到记住超过20个，成为短时记忆容量超常的记忆超人！

第二项测试："联想学习"记忆测试

这个测试选自《韦氏记忆量表》。这里有10对词语，每对词语看一遍，所有词语看完之后，停顿5秒。再看后面每对词语的前一个词，你要写出后一个词，回答对1个词可以得1分。

现在，脑细胞请准备好，测试开始！

1. 照片　长江

2. 电影　农民

3. 火车　战士

4. 妇女　饲料

5. 尾巴　棒球

6. 故事　外婆

7. 天空　猫

8. 武汉　喜鹊

9. 良心　复读机

10. 公园　剪刀

好啦，10组词汇已经看完，看到每组的第一个词，请将第二个词写出来：

1. 照片　_____

2. 电影　_____

3. 火车　_____

4. 妇女 ＿＿＿＿＿＿

5. 尾巴 ＿＿＿＿＿＿

6. 故事 ＿＿＿＿＿＿

7. 天空 ＿＿＿＿＿＿

8. 武汉 ＿＿＿＿＿＿

9. 良心 ＿＿＿＿＿＿

10. 公园 ＿＿＿＿＿＿

OK！你是否全部写出来了呢？如果你能够写出4~7组，就算是正常水平哦！如果能够写出8~10组，就算很优秀啦！记忆大师们可以记住20~100组，想知道他们是怎样做到的吗？后面的"配对联想法"分享，你一定不能错过哦！

第三项测试："随机词汇"记忆测试

这个测试是《韦氏记忆量表》"图片回忆"的改版，将图片用中文词汇的方式呈现出来。在世界记忆锦标赛中，就有专门的"随机词汇"项目，15分钟时间，一般的选手可以记住100个词汇，顶尖的选手可以记住300个。

在日常生活中，人们常常需要记忆一些相互没有直接逻辑联系的事物，这个测验就是检查你的这项能力。下面将呈现出30个毫无关联的词汇，请打开手机的倒计时功能，在120秒钟之内记忆，记完之后请按照顺序默写出来，有想不起来的请空出位置。

现在，如果你做好了准备，请将手机倒计时调到120秒，并且开始尝试记忆下面的词汇。

01. 黄金　02. 故宫　03. 战斗　04. 梦想　05. 手机　06. 鼠标

07. 花园　08. 小鸡　09. 镰刀　10. 标准　11. 柳树　12. 儿童

13. 蜘蛛　14. 致辞　15. 婺源　16. 主持　17. 基地　18. 电话

19. 期末　20. 婴儿　21. 冰激凌　22. 纠结　23. 品牌　24. 口臭

25. 取消　26. 开胃　27. 水瓶　28. 老板　29. 单词　30. 七上八下

请答题：

01. _____	02. _____	03. _____	04. _____	05. _____	06. _____
07. _____	08. _____	09. _____	10. _____	11. _____	12. _____
13. _____	14. _____	15. _____	16. _____	17. _____	18. _____
19. _____	20. _____	21. _____	22. _____	23. _____	24. _____
25. _____	26. _____	27. _____	28. _____	29. _____	30. _____

当你答题完毕时，请将你对的个数除以30，就可以得到你的记忆准确率，如果能达到30%，就算是"及格"啦；如果有50%以上，算是比较优秀；如果是全对或者接近全对，你真的是太棒啦。如果你希望记住更多，"锁链故事法""定桩记忆法""随机词汇"这三个章节一定要好好学，再稍加训练，你也可以像记忆大师一样，15分钟记住100个以上词汇哦！

第四项测试："文字材料"记忆测试

这项测试，不论是对学生学习，还是职场工作，都是至关重要的；不论是阅读书报杂志，还是线上课程学习，如果学完了记不住，都是白搭。下面有一段材料，是我的母校"武汉大学"在官网上的一段介绍，请你只读一遍，然后回答5个问题。

武汉大学溯源于1893年清末湖广总督张之洞奏请清政府创办的自强学堂，历经传承演变，1928年定名为国立武汉大学，是近代中国第一批国立大学。

1946年，学校已形成文、法、理、工、农、医6大学院并驾齐驱的办学格局。新中国成立后，武汉大学受到党和政府的高度重视。1958年，毛泽东主席亲临武汉大学视察。1993年，武汉大学百年校庆之际，江泽民等党和国家领导人题词祝贺。

改革开放以来，武汉大学在国内高校中率先进行教育教学改革，各项事业蓬勃发展，整体实力明显上升。1999年，世界权威期刊《Science》杂志将武汉大学列为"中国最杰出的大学之一"。2000年，武汉大学与武汉水利电力大学、武汉测绘科技大学、湖北医科大学合并组建新的武汉大学，揭开了学校改革发展的崭新一页。合校十多年来，学校综合实力和核心竞争力不断提升，2019年，学校在QS世界大学排名中位列第257位。

好啦，这段文字有346个字，读完之后，现在请回答以下问题：

（1）武汉大学的前身自强学堂是谁奏请清政府创办的？

_____

（2）1946年，武汉大学形成了哪6大学院？

_____

（3）哪本杂志将武汉大学列为"中国最杰出的大学之一"？

_____

（4）2000年，武汉大学与哪三所学校合并？

_____

（5）2019年，学校在QS世界大学排名中排多少位？

_____

问题结束，我要公布答案啦！

（1）自强学堂是张之洞奏请清政府创办的。

（2）6大学院是文、法、理、工、农、医。

（3）《Science》。

（4）武汉大学与武汉水利电力大学、武汉测绘科技大学、湖北医科大学合并组建新的武汉大学。

（5）第257位。

"文字材料"的记忆测试，因为出题的难度不同，测试结果也会不同，这里面第2题、第4题涉及的内容多，所以较难，第5题涉及抽象的数字信息，也相对较难。这些如果想要达到长期记忆的效果，就要结合记忆法，"阅读记忆""文章记忆""考证记忆"这些章节，我将为你深度揭秘，一起期待吧！

划重点

所有测试结束啦，我来总结一下。我给大家进行了四项测试，短时记忆容量测试、"联想学习"记忆测试、"随机词汇"记忆测试、"文字材料"记忆测试，这些测试都和我们的学习息息相关。不论结果如何，它只代表了你的过去，要想让你未来记忆超群，就从现在开始，跟随我的分享，一起探秘记忆的宫殿吧！

第二节　训练大脑八大功能区，多维提高你的记忆力

通过训练大脑的八大功能区，我们可以提升记忆力。美国心理学家奥托认为："在正常情况下，一个人所发挥出来的大脑能力，还不足他全部能力的4%。"可见，大脑就像是一个无穷无尽的宝库，等待我们去寻宝。

大脑里每个细胞群所占据的领地，叫作脑区域，大脑里有120个脑区域，每个区域都有对应的功能。日本权威脑科专家加藤俊德，把脑区域按机能划分为八大功能区，分别是思考功能区、情感功能区、传达功能区、理解功能区、运动功能区、听觉功能区、视觉功能区、记忆功能区。

某个大脑功能区，你越多地使用它，它就会越活跃，而大脑功能区是相互配合进行的，所以要想提升记忆力，只训练记忆功能区还不够，要所有功能区一起共同协调发展！

接下来，我们就来学习八大脑功能区的训练方法。

第一个大脑功能区：脑思考功能区

它位于大脑前脑叶的位置，控制着人的思考、欲望和创造力等高级脑功能区，是大脑的"司令部"。学会思考，可以寻找规律，整理简化信息，帮助高效记忆，同时思考功能区会对记忆功能区发出指令："这个很重要，请你一定要记住！"这种强烈的动机会让记忆更高效！

怎么训练脑思考功能区呢？我有三点建议：

（1）学习思维导图、鱼骨图、概念图、流程图等可视化思考工具，将你的思考过程有条理地呈现出来。我在后面的章节里，将分享绘制思维导图的方法。

（2）学习六顶思考帽、世界咖啡等头脑风暴、创意思考的工具。"三个臭皮匠，顶个诸葛亮"，如何借助集体的智慧来"联机学习"，而不是自己一个人抠破脑袋，这些工具可以帮助你。

（3）找个地方静坐，屏蔽周围的干扰，然后进行"自由书写"。针对一个问题，将你脑海中想到的所有想法全部写出来，不要进行任何的判断和筛选，只管去写。写到实在没有想法之后，再来用大脑进行理性判断，选择有效的点子并完善它。

第二个大脑功能区：情感功能区

情感功能区主要负责控制我们的情感表达，大家熟悉的EQ（情商）和它有关，而EQ对记忆力影响很大。当一个人陷入抑郁、焦虑、紧张状态时，是很难记住信息的，相信很多人都有过这种体验。最强大脑都有一个共同的特点，就是心态非常淡定平和。情绪波动特别大的人，有必要通过下面的方式加强锻炼：

（1）写出"让自己快乐的10件事"，或者做一本"快乐相册"，将曾经很快乐的瞬间放在里面，当出现悲伤、失望、恐惧等情绪时，看看这些就会让自己开心起来！

（2）学习正念冥想，以旁观者的角度来观察自己的情绪。当你生气或者伤心时，想象你坐在旁边，看着那个生气或伤心的自己，看着脑海中闪过的念头，只是看着它，而不沉浸进去，慢慢地，你就会发现，你的情绪对你的影响会越来越小。你可以通过《正念：专注内心思考的艺术》这本书来深入学习正念冥想。

第三个功能区：脑传达功能区

脑传达功能区通过语言、手势、表情、图像等来传达资讯，促进人与人之间的交流。"记忆"本身就是传达的重要部分，原始人传递资讯凭借记忆来口口相传，现代人则通过书籍、视频、照片、网络等丰富的媒介来传达"记忆"。

我曾经是一个不善表达的人，别人说我是"茶壶里煮饺子——倒不出"。通过刻意练习，我的脑传达功能区得到增强，如今面对听众讲几天几夜都没问题，我的方法是这样的：

（1）重要的演讲或谈话之前，提前在大脑里预演几遍，我站在哪里，怎样说开场白，怎样做手势，怎样与观众互动，在脑海中提前彩排，现场讲的时候就会更轻松。

（2）平时多多练习讲书，把自己阅读的书籍精华，用15到30分钟时间讲出来，录成音频分享给朋友。

（3）加入志同道合的圈子，比如我在大学加入记者团和记忆协会，因为自己的职责所在，所以不得不去采访，不得不组织活动，不得不给人讲课，这样表达能力自然就得到了锻炼。

第四个大脑功能区：脑理解功能区

脑理解功能区负责处理眼睛和耳朵获取的信息，不仅仅是对书籍或谈话的内容进行理解，有时候还要去推测对方真正想要表达的内容。很多阅读理解的题目，其实主要考的是回忆原文内容，所以理解与记忆功能区密切相关。

当你不理解信息时，可能是因为词汇量不够，或者相关的生活阅历和知识储备不够。如果我们读一本物理学、编程学、药物学等专业书籍，专有名词会影响我们的理解。遇到这种情况，可以尝试查阅相关的参考书，或者从比较简单的开始。比如《黄帝内经》我读不懂，可以读一本《图解黄帝内经》。还可以借助别人的大脑来读，比如参加读书会或在线上平台上听书，也是一种化难为易、促进理解的方式。

不理解的另一个原因，可能是别人表达得不够有条理，东扯一句西拉一句，让你摸不着头脑。如果书籍实在是太烂了，请你果断放弃；如果是不得不读的考试用书，请借助思维导图等工具，对信息进行简单化、可视化、逻辑化的加工，可以促进理解记忆。

第五个大脑功能区：脑运动功能区

脑运动功能区是所有区域中最早开始成长的，同时也会促进其他区域的发展。爬行训练充分的婴儿，理解和记忆能力就会更强，大脑就会更加聪明。有句话叫作"四肢发达，头脑简单"，其实并不是说"四肢发达"就会导致"头脑简单"，运动也会让我们头脑更智慧。

我在高三备考时，刚开始忽略了运动，每天学得头昏脑胀。在高考前两个月，我开始每天晨跑20分钟，并且在课间加入蹲起、伸展等肢体运动，大脑的能量慢慢更足了，学习效率也增加了很多。我在此推荐四种常见的健脑运动。

（1）**跳绳**。跳绳会使大脑的血氧和血糖供应大为改善，使大脑处于启动或放松状态，让大脑变得更加敏捷。同时，跳绳可以通过刺激身体穴位来刺激大脑，使思维、记忆、联想力大增。

（2）**游泳**。游泳可以放松身心，释放焦虑等负面情绪，改善脑组织细胞的新陈代谢，促进记忆和思维能力的提升。

（3）**慢跑**。每天跑步在20分钟左右，每周可以至少跑三次，切忌运动过量。

（4）**羽毛球**。打球时要保持高度的注意力、手眼协调能力和精确度，对神经系统有很好的促进作用。

第六个和第七个大脑功能区：听觉功能区和视觉功能区

听觉功能区和视觉功能区是大脑获取信息的重要通道。很多成年人之所以记忆力减退，是因为"视而不见，听而不闻"，连吃饭都拿着手机沉迷其中，忽略周围发生的很多事情，自然就无法刺激到大脑，无法留下记忆的痕迹，所以很多时候"扭头就忘记了"。重新唤醒我们的视觉和听觉两种感官，至关重要！因为记忆法依赖视觉功能区，后面会重点讲解，这里介绍一下听觉功能区训练技巧：

（1）**练习闭目听周围的声音。**电影《无问西东》里，窗外雨声太大，老师在黑板上写下四个字：静坐听雨。当你静下心来，你会听到很多你忽略的声音，静静去感知它来自哪，它的大小、远近、音色、律动等，你会发现你的听觉会越来越好。

（2）**2~4倍速的速听练习。**当声音的播放速度加快时，大脑就会更加集中注意力，并激发出右脑的相关机能，比如超强的记忆力。我会挑选喜欢的文章或知识点，自己录音，然后设置2倍速、2.5倍速、3倍速、4倍速来听，当能够4倍速听下来时，再听正常的速度就会觉得好慢。

第八个功能区：记忆功能区

记忆功能区位于海马体的周围，左脑掌管语言记忆，右脑掌管影像记忆，左右脑结合会发挥出更大的作用。我们这本书，就是帮助大家训练记忆功能区的，大家就按章节来训练吧！

▌划重点

我来总结一下本节的内容。我主要分享了大脑八大功能区的训练技巧；

训练脑思考功能区，可以学习思维导图等可视化思考工具，学习六顶思考帽等头脑风暴工具，尝试自由书写。

训练脑情感功能区，可以写出"让自己快乐的10件事"，或者做一本"快乐相册"，学习正念冥想，觉察你的情绪。

训练脑传达功能区，可以在重要的演讲或谈话之前，提前在大脑里预演，还可以练习讲书，或加入志同道合的圈子。

训练脑理解功能区，如果是因为词汇量不够，可以尝试查阅相关的参考书，或者从比较简单的开始；如果是别人表达得不够有条理，一是果断放弃，二是借助思维导图等工具。

训练脑运动功能区，我推荐了跳绳、游泳、慢跑、羽毛球四个运动。

训练听觉功能区，可以练习闭目听周围的声音，做2~4倍速的速听练习。

视觉功能区和记忆功能区，我会在以后的分享里深入展开。

写作业

从大脑的八大功能区里，选择你相对较弱的1~2个功能区，参考我给予的建议，列出你可以立即行动的计划吧，比如做一本"快乐相册"、尝试自由书写、练习正念冥想，最好不要超过三项，当你把这三项做好了，可以再换成其他的。

第三节 搞清记忆的运作规律，让记忆效率直线上升

"记忆"可以说是我们"最熟悉的陌生人"，没有"记忆"，我们根本无法正常生活。我将带你更深入了解"记忆"，探索记忆运作的五大规律，只要掌握这些规律，便可以让记忆效率直线上升。

在探索这五大规律之前，我们要先来了解一下记忆的过程、最佳记忆的品质以及记忆大家庭的成员，此部分参考了王洪礼老师的图书。

"记忆"是什么？有人说："记忆就是背书！"有人说："记忆就是把知识塞进脑袋里面。"这些都不全面，从心理学的角度来说，凡是人们感知过的事物、思考过的问题、体验过的情感以及操作过的动作，都会以映像的形式保留在人的头脑中，在必要的时刻又可以把它们重现出来，这个过程就是记忆。

记忆的整个过程，包括识记、保持和提取三个环节，就像牛吃草一样，"识记"是把草用嘴巴吃进去，"保持"是草存放在胃里，"提取"是在需要时反刍，重新回到嘴里咀嚼加工。

判断一个人记忆的好坏，可以通过记忆的四个方面：敏捷性、牢固性、准确性和备用性。

敏捷性是指在一定时间内所记住的对象的数量多，换句话说，就是指记得快。在世界记忆锦标赛上，中国选手邹璐建可以在13秒记住52张扑克牌的顺序，中国选手韦沁汝可以5分钟记住600多个数字，这就是在记忆领域的中国速度！

记忆的牢固性也称记忆的持久性，是相对记忆的巩固程度而言的，就是指长久不易遗忘。

记忆的准确性是指回忆或者辨认识记材料时，能忠实地保持原来的面貌，没有歪曲、遗漏、增添和臆想。

记忆的备用性是指随时都能迅速地提取记忆中贮存的知识，包括在紧张情绪和疲劳状态下也能迅速地提取过去记住的知识。

从学习考试的角度来说，一般符合两种情况，可判定为最佳记忆：①记忆敏捷、牢固、准确，具有备用性。②记忆不很敏捷，但牢固、准确，具有备用性。当然，如果能够达到第一条，那是最好不过的。

接下来，我们来看看记忆大家族的成员，也就是记忆的分类。我分享记忆心理学里三种分类的标准。

以**记忆的内容来看**，记忆大致分为形象记忆、情境记忆、情绪记忆、语义记忆和动作记忆五大类。

形象记忆，就是对于自然风景、人文景观、摄影图片、影视作品等形象画面的记忆。

情境记忆是对亲身经历过的，有时间、地点、人物和情节的事件的记忆。

情绪记忆，是人对在生活中产生的愉快、悲伤、绝望等情绪的记忆。

语义记忆，是用词语概括的各种知识的记忆，我们在学校里学习的各个学科以语义记忆为主。

动作记忆，是对身体的运动状态的记忆，比如对舞蹈、武术、骑车、打乒乓球等动作的记忆。

每个人都有自己擅长的记忆内容，有的人能够很好地记忆课本上的定理、公式，有的人则能够很快记住跳舞的舞步，还有些人对于往事记得一清二楚，所以不要轻易因为某个方面记忆不够好，而就认定自己记忆力差！我们这一系列记忆分享，将重点针对语义记忆，同时也包含形象记忆、情境记忆等内容。

以**记忆的意识类型来看**，分为"无意识记忆"和"有意识记忆"。"无意识记忆"就像电脑的"后台操作"一样，比如我们在大街上闲逛，或者随意地看一场电影，翻一本杂志或书籍，没有特定的记忆目标，也没有刻意去记忆，但往往我们在不经意间就能记住很多东西。提升"无意识记忆"，主要是要让大脑处于一个健康清醒且充满好奇的状态。

与之相对的就是"有意识记忆"，比如我们平时背国学经典、背英语单词、背产品信息、背法律条文等，都是"有意识记忆"，它都有预定的记忆目的和要求，需要我们付出一番努力来记忆，有时还要运用一定的记忆策略，最终的结果我们可以检测。我们使用记忆法，主要是帮助我们提升"有意识记忆"能力，记忆的动机越强烈，越会使用记忆法，记忆效果就越显著。

以记忆保持时间的长短来看，记忆可分为瞬时记忆、短时记忆、长时记忆。

瞬时记忆又叫感觉记忆，是指外界的信息以极短的时间一次呈现后，保留一瞬间的记忆，一般为几秒钟。

短时记忆是指保持时间在1分钟以内或是几分钟的记忆，一般可以将看到或听到的信息加以注意，反复默念，达到短时记忆。

长时记忆是指保持时间在1分钟以上甚至一辈子的记忆，一般非常独特、有意义、触动情绪的信息容易进入长时记忆，短时记忆信息通过复述和记忆法编码加工，也可以更好地转为长时记忆，让记忆的备用性变得更好！

认识了记忆的过程、最佳记忆的品质以及记忆大家庭的成员，我们再来探秘记忆的规律，就更容易理解和应用了，这里我分享心理学家发现的五个规律。

第一大规律：联系律

我在教学过程中经常提到一个词：以熟记新，任何新知识的获得，都是由原有知识发展、衍生或转化而来的。读万卷书，行万里路，阅人无数，我们的生活阅历和知识储备等，在记忆新信息时如果能够调用出来，就会形成新、旧知识之间的有机联系，形成知识的锁链或者知识的网络。

比如"牛顿运动定律"的第一定律：任何物体都保持静止或匀速直线运动

状态，直到其他物体对它作用的力迫使它改变这种状态为止。我就联系到我在跑步机上跑步的经历，我刚上跑步机时先是静止的，开机后匀速地运动，如果跑步机没有关机、调速或者没有人推我一把，我会一直以这样的速度跑步，这样就可以理解并记住牛顿提出的第一定律。

要利用好联系律，一是对于已有的知识，要深入理解并识记，变成知识体系的一个部分，这样才可能在新知识需要时派上用场。二是学会使用知识图表、思维导图等工具，对知识网络进行梳理，更直观地看到知识间的联系，这个我们在后面也会逐步为大家讲到。

第二大规律：干涉律

当一个新的信息输入后，它与原有的知识储备之间会产生一种相互干扰。

先学习的材料对后学习的材料产生的干扰称为"前摄抑制"，比如死记硬背4组无关的数字串或字母串，第一组遗忘得最少，越到后面越多。再比如，我们小时候学过拼音，再学英语字母时，在发音上就会产生干扰。

后学习的材料对先学习的材料也会产生干扰，称为"倒摄抑制"。如果后学习的材料和前面的类似，且新任务的难度更大，对前面的干扰就会更大。

基于干涉律，我们不要把相似的材料集中学习，比如我会把背英语单词和语文课文交替进行，一般40分钟左右换一换，中间也可以安排短暂的休息时间，做一下深呼吸，放松一下大脑。另外，长篇的课文或者备考资料，中间材料受前、后都有影响，学会将整体拆分成几个部分，分不同的时段来记忆，也会让效果更好。

第三大规律：数量律

当需要记忆的材料数量偏大时，会给记忆带来困难。德国著名心理学家艾宾浩斯一生致力于与记忆力有关的心理研究，他曾经做过一个实验，拿毫无规律的音节组做记忆测试，发现记住12个音节需要朗读16次，20个音节需要50次以上。

在学前测试里，我们提到过短时记忆容量，正常成年人的记忆广度为7±2

个单位，也就是5个到9个之间，每个单位，是指我们熟悉的内容，被称为一个"组块"，可以小到一个字母或汉字，大到一个名词、诗句、公式。组块越少，我们记忆就越容易。比如"社会主义核心价值观"这9个字，对于熟悉它的中国人而言，就是一个组块，而对于只认识这9个字的外国人或小朋友，就有9个组块了。

如何让组块更少呢？一是利用已有知识来寻找发现组块，比如要记忆英语单词swordfish（旗鱼），观察发现有s、word、fish三个组块，就比一个个字母记忆的9个组块要容易。二是对庞杂的信息进行分类，每个类别控制在7个以内。三是学会对信息进行简化，提取出关键词进行概括，比如秦朝中央集权制度的影响：奠定中国2000多年政治制度的基本格局，把全国每户人家、每个地方纳入国家政治体制之中，有利于国家统一，有利于中华民族的发展，有利于封建经济的发展。我们可以浓缩变成一句话：一奠、二每、三利。

第四大规律：主客体律

记忆的主体就是我们自己，客体是我们要记忆的对象。

主体律有四点很重要：一是记忆的动机越强，记忆效果越好。二是对自己的记忆越有信心，记忆效果越好。三是记忆时注意力越集中，越容易记忆。四是要用心，要动脑，积极思考越多，记忆效果越好。

客体律有五点很重要：一是识记有意义的材料，比识记无意义的材料效果好。二是识记直观形象的材料，比识记枯燥抽象的材料效果好。三是记忆有节奏、有韵律的材料，比记忆无节奏、无韵律的材料效果好。四是识记系统条理的文章，比识记杂乱无章的文章效果好。五是识记使人感兴趣的材料比识记使人厌倦的效果好。

利用客体律，记忆法尝试把无意义、枯燥抽象、无韵律无节奏、无系统条理、使人厌倦的材料，进行意义化、形象化、韵律化、条理化、趣味化，让我们可以达到更好的记忆效果。

第五大规律：强化律

强化律就是让记忆效果增强的规律，在记忆过程中有两种方法：一是"多感官学习"，各种感官同时参与比单一感官参与的记忆效果好，所以记忆要"眼到、耳到、手到、口到、脑到、心到"。二是"过度学习"，比如你只要看4遍就记住了，可以再多学习巩固2遍，让它达到150%的水平，会让记忆更持久。

强化律还涉及复习的规律。艾宾浩斯发现，遗忘的进程不是匀速的，最初阶段遗忘的速度很快，后来就逐渐减慢了，这就是著名的艾宾浩斯遗忘曲线。根据这个遗忘曲线的描述，我们复习一定要及时，在1小时内、3小时内、5小时内和10小时内这些黄金节点，要及时复习。另外，复习的形式可以多样化，比如默写、背诵、和别人互相提问、做练习题目、听相关的音频、给别人当老师讲解等。

划重点

我来复习一下本节要点：

首先，我讲到了记忆的三个过程：识记、保持和提取。

其次，我提到了记忆的四大品质是敏捷性、牢固性、准确性和备用性。

再次，我给大家梳理了记忆的分类，以记忆的内容来看，分为形象记忆、情境记忆、情绪记忆、语义记忆和动作记忆；以记忆的意识类型来看，分为"无意识记忆"和"有意识记忆"；以记忆保持时间的长短来看，分为瞬时记忆、短时记忆、长时记忆。

最后，我讲到了记忆的五大规律：联系律、干涉律、数量律、主客体律、强化律，利用好这五大规律，你的记忆效率就会直线上升！

写作业

请思考一下，本章讲到的记忆五大规律，你可以如何运用到你的学习和工作中呢？列出你的具体行动计划，并且提前想象出你在实践的场景吧，这样会让你更容易开始行动！

彩蛋1　食物疗法：最强大脑们的益智菜谱和饮食方案

本章要分享的是食物疗法，也就是如何吃出最强大脑。大脑是人体进行思维活动最精密的器官，只占人体总重量2%的大脑，要耗用掉人体总能量的20%。因此，必须要供给大脑高能量的食物，才有助于发展智力，使思维更敏捷，精力更集中，增强记忆力，全面提高学习能力。那最强大脑们有没有特别的饮食方案呢？今天我就将为你揭晓。

首先，最强大脑们会有一个"饮食黑名单"，就是在记忆训练期间严格控制食用的食物，吃这些东西会让智商下线，大脑运转停滞。

（1）含铅食物。比如皮蛋、爆米花等，铅能取代铁、钙、锌在神经系统中的活动地位，使脑部的氧气及营养供应不足，破坏脑细胞，造成记忆力减退，脑部组织受损，长期食用还会产生铅中毒。

（2）含铝食物。世界卫生组织指出，人体每天铝的摄入量不应超过60毫克，油条中的明矾是含铝的无机物，如果一天吃50~100克油条，便会超过这个量，导致记忆力下降，思维能力迟钝。另外，薯片、粉丝、威化饼干里也含有较多铝，要减少食用。

（3）含过氧脂质的食物。油温在200℃以上的煎炸类食品，以及长时间曝晒于阳光下的食物，如腊肉、熏鱼、烧鸭、烧鹅等，都含有较多的过氧脂质，它们会损伤某些代谢酶系统，促使大脑早衰或痴呆。

（4）甜食。吃糖及含糖食物会损伤大脑功能，危害神经健康，干扰注意力和记忆力，降低学习能力。世界卫生组织曾调查了23个国家人口的死亡原因，得出结论：嗜糖之害，甚于吸烟，长期食用含糖量高的食物会折寿。除了糖果之外，番茄酱、午餐肉、面包、汉堡、烤鸡等食物都含有比较多的糖。

（5）过咸的食物。比如咸菜、咸鸭蛋、熏肉、泡菜、腐乳等，研究表明，大量摄入食盐不仅会导致血压升高，而且会影响大脑认知和思维能力，影响智力。民间有一句养生口诀，叫作："少吃盐，多吃醋，少打麻将多散步。"

（6）**含咖啡因的食物**。咖啡因在咖啡、茶、巧克力中都有，一天喝超过两杯咖啡就会摄入过量咖啡因。它会减少脑部及许多器官的供血量，提早老化，而且会使大脑脱水，影响思考，甚至会导致脑瘫。一旦上瘾，戒除就会很痛苦，会出现注意力很难集中的现象。

（7）**含酒精的食物**。黑龙江鸡西市张天鹏医师指出，喝酒对大脑的危害，主要体现在记忆力下降、注意力不集中、学习能力下降、智商下降，甚至会出现认知缺陷。长期酗酒会损伤大脑的海马体和杏仁体，严重的会使短期记忆和长期记忆分裂，出现严重的记忆退化，进而出现老年痴呆的情况。

（8）**含人工添加剂的食物**。人工添加剂包括防腐剂、增味剂、抗氧化剂、食用香精等。食用过量，会影响孩子的学习能力，甚至出现多动、注意力不集中的情形。辣条、方便面、火腿肠、果冻、饼干、薯片、口香糖、奶茶、冰激凌含有非常多的添加剂，能够戒就戒了吧，不能戒也要严格控制摄入量。

关于"饮食黑名单"，我们就讲这么多，很多人看完可能会说："如果这些都不能吃，那生活中还有什么乐趣呀？"其实，相比较而言，生活中可以吃的健康食物会更多，我们可以关注吃什么对身体好，这是爱自己的一种方式。

接下来，我分享一下权威的观点——美国大脑健康之父、脑影像专家丹尼尔·亚蒙教授在《简养脑》《大脑勇士》等书籍里，总结出一些保持大脑健康的饮食建议：

（1）**食用高质量的热量食物不要过量**。控制高热量食物的摄入可以降低患心脏病、癌症、糖尿病等疾病的风险。从中国国情来看，比较典型的高热量食物有：方便面、炸鸡、啤酒、巧克力等。

（2）**喝大量的水，避免饮用热量高的饮料**。大脑里80%都是水分，大脑缺水会让你的思维敏捷度下降，产生记忆障碍并且加速衰老，而白开水则有利于净化有杂质和毒素的身体。

（3）**饮用高质量的精益蛋白质**。蛋白质帮助平衡血糖，保持大脑的健康。获取精益蛋白质可以通过多吃鱼、鸡肉、牛肉、豆类、高蛋白质的蔬菜和谷物等。

（4）食用低糖指标、高纤维的碳水化合物。通常而言，蔬菜、水果、豆类、坚果和五谷杂粮是不错的选择。

（5）限制脂肪摄入，食用ω-3系列脂肪酸的健康脂肪。缺少ω-3会增加患抑郁症、焦虑症、注意力缺陷障碍等疾病的风险，我们可以在吃三文鱼、核桃、绿叶蔬菜、豆腐、虾这些食物时补充它们。

（6）进食不同颜色的天然食品来增强抗氧化能力。吃具有抗氧化能力的食物，可以大大降低出现认知障碍的风险，使你的大脑保持年轻。"地中海饮食"提倡按照彩虹色谱来吃水果、蔬菜以及鱼类等，比如蓝色有蓝莓，红色有石榴、西红柿，黄色有南瓜、香蕉等。

（7）吃改善乙酰胆碱的食物。乙酰胆碱对学习、记忆力和联想能力非常重要，缺乏它会导致人的认知功能降低，难以学习新知识。为了保持头脑敏锐，可以多吃鸡蛋、肝脏、三文鱼和虾。

（8）晚上禁食12小时。保证晚餐和第二天早餐之间至少禁食12小时，并且至少在睡觉前3小时开始禁食，几个月内也可以尝试禁食一天或一两餐。大脑里产生太多β淀粉样蛋白斑块的人会出现记忆力丧失的问题，禁食会推动大脑里的某些机制引发自噬，清理掉这些斑块和其他影响健康的蛋白质。

好啦，如果能够践行这些健康饮食的建议，相信你一定会拥有健康有活力的大脑。

最后的话，我将推荐三个日常就可以做的家常健脑菜，我在2010年和学员一起备战比赛时，就会自己动手做菜，优先考虑有健脑功效的菜谱，当时做菜的镜头还被NHK纪录片《突破大脑极限：世界脑力锦标赛中国站》记录了。

我那时经常做的菜有蘑菇、金针菇和木耳，我从《家常健脑菜300例》这本书里找到了三个相关的菜谱，供大家参考：

一、金针菇炒肉

金针菇中含有极为丰富的碳水化合物，能够提供维持大脑功能必需的能源。金针菇中的植物蛋白是构成大脑、肌肉、神经等的重要组成部分。此外，金针菇所含的较为丰富的锌、赖氨酸、精氨酸对提高智力有良好的促进作用。

【材料】

金针菇300克，瘦肉200克，蒜10克，油、盐各适量。

【做法】

（1）金针菇洗净沥干，瘦肉切片，蒜切片。

（2）锅内放油烧热，爆炒肉片，盛起。

（3）锅内留底油烧热，下蒜片爆香，放金针菇，加盐，肉片回锅一同翻炒至熟，起锅即可。要注意，金针菇不能大火炒，否则容易变味变色。

二、木须肉

黑木耳中含有的蛋白质和碳水化合物是大脑发育和运作的主要能源，及时补给可改善注意力不集中、反应迟钝等症状。其次，像维生素B_1、维生素B_2，可维持大脑各项功能的正常，有助于改善失眠、烦躁、忧郁等，对醒脑、补脑也具有积极意义。此外，黑木耳中的各种无机盐，也是促进智力发育、缓解疲劳乏力、安神入眠的重要物质。

【材料】

黑木耳300克，鸡蛋3个，蒜苗10克，油、盐各适量。

【做法】

（1）黑木耳泡发后洗净切丝，鸡蛋打散，蒜苗切成段。

（2）锅内放油烧热，鸡蛋入锅煎成蛋皮。

（3）放入黑木耳，加盐炒熟，放入蒜苗翻炒几下，起锅即可。

三、蘑菇炖鸡

蘑菇的补脑食疗价值是相当高的。蘑菇中蛋白质的含量很高，能促进神经细胞与脑细胞发育。种类丰富的维生素，可修复大脑皮质，促进脑细胞的活化，增强记忆力，预防衰老。

【材料】

蘑菇300克，净鸡1只，蒜20克，油、盐、胡椒粉各适量。

【做法】

（1）蘑菇洗净沥干，切块；鸡剁成小块，蒜拍碎。

（2）锅内放油烧热，鸡块入锅，炒去血水，盛起。

（3）净锅置火上，加适量清水煮沸，放入鸡块、蒜、盐、胡椒粉同炖40分钟，放入蘑菇，小火炖熟，起锅即可。

这个蘑菇炖鸡是我当时做的最高难度的菜了，我在做菜时会这样记忆菜谱：先看一遍菜谱，准备好要用的材料，正式开始前会在脑海中预想一两遍步骤，然后尝试边回忆边做，想不起来的可以再瞄一眼菜谱，一般来说，做过两遍就记得很清楚了。做菜的过程，本身也会动用各种感官，需要观察力、专注力和记忆力，所以也是一种很好的健脑方式，特别是尝试新的菜品。如果上面这些菜你不喜欢，就找一本健脑菜谱，轮番做给自己或孩子吃吧。

划重点 ●●●

我先讲到了"饮食黑名单"，包括含铅食物、含铝食物、含过氧脂质的食物、甜食、过咸的食物、含咖啡因的食物、含酒精的食物、含人工添加剂的食物等。

接下来分享了亚蒙教授的饮食建议：食用高质量的热量食物不要过量；喝大量的水；食用高质量的精益蛋白质；食用低糖指标、高纤维的碳水化合物；限制脂肪摄入；进食不同颜色的天然食品来增强抗氧化能力；吃改善乙酰胆碱的食物；晚上禁食12小时。

最后我分享了健脑食谱，包括金针菇炒肉、木须肉、蘑菇炖鸡三道家常健脑菜。

赶紧把这些在生活中践行起来吧，吃出最强大脑！

第二章

高效记忆方法

第一节　观察记忆法：过目不忘，让大脑成为照相机，定格信息

本节的分享，我们将进入记忆方法篇。这一节将带领大家学习观察记忆法，学会将所见的形象图片和生活场景，在观察之后，像照相一样存入大脑，在需要时能够轻松调取。这种能力是人类大脑的本能，婴儿就会，但有些成年人的照相机蒙上了"灰"，只有刻意练习擦拭灰尘，才能为后面的记忆法打好基础。

当你们在看《最强大脑》时，看到的是眼花缭乱的记忆项目，各种项目呈现的形式不一，有文字的，有照片的，有符号的，有声音的，其实在选手们脑海中，只有一种形式，就是生动有趣的形象。皮尔斯·霍华德博士在《大脑使用者手册》里说："除非天生双目失明，否则记忆中的所有数据都是以影像的形式储存。这些记忆被回想起来的时候也是以影像的形式出现。"

那如何拥有清晰的大脑形象呢？观察是很重要的前提，我推荐以下三个简单的练习。

一、物品照相训练

在家里可以找一些物品，比如手表、铅笔、杯子、苹果、手机等，先挑出其中的一件，放在距离你60厘米左右的桌上，你盯着它观察1分钟左右，然后闭上眼睛，在脑海中勾勒出该物体的形象，尽可能地呈现更多的细节，直到脑海中的形象消失时，睁开眼睛再观察一次这个物品，30秒之后再闭眼回忆，之后再重复一次。

接下来，可以换一个颜色和形状完全不同的物品，观察1分钟之后再闭眼回忆。可能有些人会发现，这次的形象消失得更快，此时可以看一看，有没有其他的形象出现，如果出现无关的形象，这也是很好的现象，是大脑形象能力

重新激活的表现。

尝试至少拿10件物品做这样的练习，然后我们可以进入到更高阶的挑战，影像学专家吴言老师在《影像造奇学》里提出了"影像清晰"的七字真言：色、形、动、声、味、感、想。

"色"就是色彩，脑中看到的要是彩色的，不是黑白的。

"形"是形状，最好是立体的，而不是平面的。

"动"是动态，可以想象物品动起来，比如旋转、下落等。

"声"是声音，想象物品自己发出声音，比如手机响了，或者与其他东西碰撞发出声音，比如苹果落地发出"砰"的声音。

"味"是滋味和气味，比如柠檬的酸味、书籍的墨香。

"感"是触摸的感觉和情感，比如榴莲，摸上去很扎手；开水伸手去摸，很烫手。

"想"是想象、联想，比如杯子，可以想象它变大，或者缩小，还可以联想到杯子里放的茶叶、糖等东西。

为了帮助我们做到"七字真言"，我们平时可以先拿实物来练习，比如香蕉，我们可以去观察它的色彩和形状，用它敲一敲桌子听听它的声音，去触摸它的表皮看看是什么感觉，剥开它观察其动态变化的过程，咬上一口细细咀嚼品尝它的味道，并且去想象它滋养你的身体，最终变成你身体中的一部分。

当你完成这个过程之后，请尝试闭着眼睛，将这个过程在脑海中呈现，头脑中的形象会越来越清晰，你的记忆力也将越来越厉害！这个练习，可以经常做，变成你的一种生活方式，你会发现，吃东西也会更加回味无穷，而不是像猪八戒吃人参果，完全不知道是什么味道！

二、头像照相训练

我们在生活中经常要接触到各种人，有些人可能会有"脸盲"，比如美国总统特朗普，他在与新加坡总理李显龙会晤后，在官方Instagram账号上，将李显龙称作印尼总统佐科·维多多，这个错误很快就传遍了印度尼西亚媒体，这是开了国际玩笑呀！平时生活中，如果我们认错了脸，也会非常尴尬，所以多做"头像照相训练"，可以让我们对见过的人，下次见面还能够认出来。

怎么训练呢？可以挑一些明星或朋友的照片，盯着观察30秒钟左右，闭上眼睛来回忆，在脑中浮现出整个头像的形象，包括痣、青春痘、皱纹等细节，如果有些局部比较模糊，可以睁开眼睛再去观察，然后再闭眼回忆。过了几个小时后，也可以尝试着再回忆一次，看看自己是否还可以想起来。

在观察人脸时，我们可以用先整体再局部的方法，整体上看，一是看发型，比如说男士常见的发型，有平头、中分头、光头、飞机头、寸头、抓发头等，女士常见的发型，有梨花头、花苞头、波波头、卷发、齐刘海、麻花辫等；二是看脸型，中国人根据脸型和汉字的相似之处，分为八种：国字形、目字形、田字形、由字形、申字形、甲字形、用字形、风字形。

从局部来看，可以从眉毛、眼睛、鼻子、耳朵、嘴唇等不同的角度。

眉毛，有浓的、淡的；长的、短的；两眉相连、两眉分开的；有平直的，有八字型的；有双眉上挑的，有末梢细的。

眼睛，有杏眼、丹凤眼、上斜眼、细长眼、眯缝眼、圆眼、突眼、小圆眼、下斜眼、三角眼、深窝眼、肿泡眼等。

鼻子，大家熟悉的有鹰钩鼻，比如刘德华的鼻子，还有朝天鼻、蒜头鼻、三角鼻、烟囱鼻等，光是从鼻孔来看，就有弯的、向外张开的、向上翘起的、孔大的、多毛的各种类型。

这里其他部位就不再多讲，我们可以先拿一张明星的照片来训练，请观察她的头像30秒钟，从整体到局部，观察的时候，如果发现有一些特征，也可以用语言在心里面描述出来，比如鼻子是什么鼻，眼睛长得像什么，观察完毕之后，尝试闭眼回忆，看看是否可以回忆起来！

有些人可能会先回想起头像的轮廓，然后是黑白的图像，接下来再是彩色的逼真的图像，这个过程也是非常正常的，多加练习，就会更好地激活你的右脑形象思维能力。

　　这个练习除了看图片，还可以在坐地铁、公交时练习，观察远处的乘客，看几秒后尝试闭眼回忆，然后再多次睁眼观察。还可以去想象这个人说话会是什么声音，他身上会有什么味道，他走路会是什么姿势，他是做什么职业的，他此时心里在想什么，把"色形动声味感想"七字真言用上，这会让你的想象力倍增哦！

　　三、生活场景摄像训练

　　以上两个训练主要是静态的形象，另一类形象则是动态的，比如生活中每天发生的事情，观看的舞台表演、影视作品等。我们平时主要是在无意识状态下进行记忆，如果我们能够稍加注意并加以训练，动态形象记忆的能力会更强，这是后面很多记忆法的基本功，比如锁链故事法，脑海中的故事就是一个动态的电影。

　　生活场景摄像训练，有三种方式：

　　第一种是"闭目过电影"。每天睡觉前，调整自己的呼吸，闭上自己的眼睛，回想一下今天发生的3件美好的事情，比如和伴侣开心地约会，和同事们一起头脑风暴，和孩子一起欢快地玩耍，就像过电影一样，把能够想到的画面和对话都清晰呈现出来。想完之后，可以告诉自己："今天所有美好的画面，都已经存入我的长期记忆库，我将带着美好的感觉入睡，明天又将是非常美好的一天，晚安！"

　　第二种是"行走的摄像机"，可以在坐公交或的士，包括快步行走的时候，观察路边快速闪过的所有东西，比如疾驶而过的汽车，路边的大树、楼房、广告牌，各种小摊小贩和来往的人群，有时候还有街头演出等，看完30秒之后，尝试闭上眼睛，按照顺序把能够回想起来的全部想起来。古人有"走马观碑"可以过目不忘，我们多练习"行走的摄像机"，也是会越来越厉害的！需要时可以用手机录像，回忆完毕之后，我们方便核对。

　　第三种是拿影视作品里的场景做训练，我就曾以《奇异博士》《风语咒》等电影做过训练，截取里面1~4分钟的素材，观看完两遍之后就尝试回忆，初次回忆时，可以听着对话和旁白，回忆呈现的画面是什么。然后再看一遍，再回忆时，就可以尝试回忆画面和对话，可能对话不一定能完全想起，没有关系，这里的重点是回忆图像。再多看两三遍，直到所有的内容都能差不多回忆出来。

如果是和朋友或孩子一起训练，就可以看完之后提问，比如我家宝宝2岁半时，我陪她看《小猪佩奇》，有一集是猪爷爷带孩子们去海盗岛，看完以后我就问了几个问题："猪爷爷在海盗岛寻到了什么宝贝？""谁戴着一个海盗帽？""小朋友们在海盗岛堆了一个什么？"我家宝宝只看过一遍，都可以回忆起来。这种互动形式，让被动地看动画片，变成了主动的记忆训练，也适合成年人看影视作品。所以，挑一部喜欢的电影，截取里面的精彩片段，赶紧训练起来吧！

▌ 划重点

我来总结一下本节的内容。我讲了三个观察记忆训练，一是物品照相训练，通过观察将物品浮现到大脑里，再用"色形动声味感想"七字真言，让图像更加清晰生动；二是头像照相训练，可以通过整体和局部两个方面来观察，整体上看发型和头型，局部可以是眼睛、鼻子、嘴巴、耳朵等器官；三是生活场景摄像训练，包括"闭目过电影""行走的摄像机""影视作品记忆训练"三种方式。多加训练，你闭上眼睛，可以逼真清晰地回忆形象，这将让你的记忆更加轻松！

▌ 写作业

（1）请尝试至少挑选3样物品，做物品照相训练。

（2）扫描二维码，看湖北卫视2016年采访视频《记忆大师的心路历程》，约4分钟，可作为"影视作品记忆训练"的素材。

更多电影片段记忆训练素材，请在公众号"袁文魁"回复"电影片段"，即可获得。

袁文魁公众号

第二节　形象记忆法：学会5招轻松记忆陌生人名和专业术语

上一节，我们学会了将所见的形象图片和生活场景，通过观察记忆法像照相一样存入大脑，有人就问了："那如果要记忆的是抽象的文字信息，该怎么办呢？"本节的形象记忆法，我将重点分享抽象文字转化为形象的五大法则，用好它们，记忆陌生人名和专业术语就会变成小菜一碟啦。

美国大脑专家迈克在《遗忘的力量》一书里说："任何抽象的，我们的大脑所不能触碰的信息都会将在要用的时候默然消失。""人是以图像为指引的生物，因此，几乎所有的记忆技巧都依赖某种形式的图像，尤其是涉及物品或难以触碰的概念时，比如人名或地名。"

那如何转化成图像呢？我分享五大法则：谐音联想、增减倒字、拆合联想、相关联想、综合联想，挑取这五大法则里面的关键字，谐音的"谐"，"增减倒字"的"字"，"拆合"的"拆"，"相关"的"关"，综合的"综"，适当谐音之后，就变成了一个魔法口诀："鞋子拆观众"，想象拿着鞋子把观众席的座椅给拆了。那接下来，我就将一一举例讲解！

一、谐音联想

谐音就是利用汉字的同音或近音来代替本字的一种修辞方式，常常会产生一种幽默效果。很多歇后语会使用谐音，比如小炉灶翻身——倒霉（煤），老公拍扇子——凄凉（妻凉）。我们在记忆"倒霉"和"凄凉"这两个词语时，就可以分别想到小炉灶倒煤和老公扇扇子，妻子很凉快的画面。

又比如"强烈"可以谐音为"墙裂"，想到墙裂开的画面，"记忆"，可以谐音为"机翼"，想到飞机的翅膀，"经济"可以谐音为"金鸡"，金子做的一只鸡。谐音可以辅助记忆发音，但有可能会写错别字，所以需要特别注意。

二、增减倒字

在原来词的基础上，增加一些字，或者减少一些字，或者把顺序倒过来，看看能否变成具体的形象，有时候也要适当使用谐音。比如"信用"，这个词可以增加字想到"信用卡"，"文化"增加字想到"文化衫""文化墙"，梁山好汉"穆弘"，倒过来谐音想到"红木"，红色的木头。

三、拆合联想

把词语拆开成字或词，分别转化成形象之后，再把这些形象通过编故事变成一个画面。比如"金融"可以由"金"想到金子，"融"想到融化，组合为金子融化的画面。再比如"理念"这个词，"理"想到总理，"念"想到念书，组合为总理正在念书。

如果词语比较长，不要一个一个字地拆，看看有没有熟悉的组块，比如"布宜诺斯艾利斯"，"布宜"谐音为"布衣"，"艾利斯"谐音想到《爱丽斯漫游奇境》里的"爱丽斯"，"诺斯"谐音为"螺丝"，想象在布衣上安装螺丝的爱丽斯。要注意，拆开后在组合时要尽量按照顺序来联想，会更容易回忆起来。

四、相关联想

由这个词汇想到相近、相反等有逻辑关联的形象。比如"天津"会想到狗不理包子，"法国"会想到埃菲尔铁塔，"经济"会想到钱、银行、房子、商场等画面，"自由"会想到鸟儿、监狱、自由女神等不同的画面。

五、综合联想

就是以上两种或三种方法一起上阵，比如"思考"这个词我通过"相关联想"想到"思想者"这个雕塑，为了突出是"考"而不是"想"，可以想象思想者手拿试卷在考试。比如"成就"这个词会想到"奖杯",但由"奖杯"在还原的时候,可能会想到"荣誉""胜利"等很多词,我就由"成"想到了成龙,联想到他手拿着奥斯卡奖杯,在电影上很有成就。

这五大转化法则,重点是前面四个,我们平时可以拿一些词语做"抽象转形象的练习",坐车或排队都可以练习,刚开始每个词可以至少想到三个,拓展自己的发散思维能力,然后从中挑选出最简单最形象的。比如"民主",可以谐音想到"民族""明珠""名著",相关联想到"民主投票"的画面,也可以拆合想到"农民遇见主席",这几个里面,我用得最多的是"民主投票"这个画面。

掌握了这魔法口诀"鞋子拆观众",我们马上就要派上用场了!在你的生活中,有没有曾经遇到认识的朋友,却一时大脑"短路"想不起名字,只好狼狈地假装没看见?更尴尬的是,我有一个做企业CEO的朋友,他和另一位CEO聊了两个多小时,他"张总,张总"叫了至少20多次,结果人家回去发了条微信:"今天不好意思纠正你,我其实姓'李'!"这让我的朋友无地自容,向我讨教如何才能更好地记住人名。

励志大师戴尔·卡耐基说:"一种既简单又最重要的获取好感的方法,就是牢记别人的姓名。"接下来,我就先挑选一些世界记忆大师的名字,分别用这五大法则来示范该如何记忆。

谐音联想,比如记忆大师"袁梦",可以谐音为"圆梦",遇见她的朋友都容易梦想成真;记忆大师"焦典",很容易谐音为"焦点访谈"的"焦点"。

增减倒字,比如记忆大师"王雪冰",倒过来是"冰雪王",想到电影《冰雪奇缘》里的冰雪女王;记忆大师"崔中红",将后两个字倒过来就是"红中",想象用嘴巴吹麻将牌里的"红中";记忆大师"唐彬嘉",倒过来谐音就是"嘉宾糖",可以想到嘉宾正在吃的糖。

拆合联想,比如记忆大师"胡小玲","胡"想到二胡,"小玲"想到小小的铃铛,可以想成二胡上系着一个小小的铃铛;记忆大师"刘显梅",

"刘"我一般想成"刘德华","显"可以想到"电脑显示屏","梅"就想到"梅花",组合在一起,就是刘德华在显示屏上欣赏梅花。

相关联想,比如抽象图形世界记忆纪录的保持者胡家宝,很容易联想到国务院原总理温家宝;第六季《最强大脑》选手刘仁杰,容易联想到狄仁杰,电影《狄仁杰之通天帝国》正好是刘德华饰演狄仁杰,由此就想到了刘仁杰;《最强大脑》选手黄胜华,容易想到饰演过郭靖、乔峰等角色的"黄日华",想象黄日华举着胜利的剪刀手。

其实在记忆这些名字时,都多多少少用到了综合联想,就不再单独举例了。

对于有些在职场的朋友,可能只需要记住姓就够了,如称呼别人"张总""李经理""邓工""吴老师""刘姐""小王",这就更加简单了,只需要对常见的姓氏进行形象化编码。编码的方式有几种:

一是姓氏本来就很形象的,直接想到形象,比如"马""牛""柳"。二是谐音,比如"唐"想到吃的"糖","冯"谐音想到缝衣服的"缝","袁"想到猿猴的"猿"。三是组词或由熟悉的名人想到形象,比如"王"想成"国王","张"可以想成"张飞","孔"可以想到"孔子"。四是用拆字的方式,比如"张"可以想成"很长的弓","吕"可以想象两张嘴巴,"宋"可以想象用罩子罩住的一棵树。这样编码之后,就更容易记了。(2019年百家姓参考编码,请在公众号"袁文魁"回复"百家姓编码",即可学习。)

中国名字搞定了,有些人又犯愁了,外国名字怎么办呀?看完电影记不住主人公的名字,外国的明星老是叫错,和别人聊八卦,结果聊的不是同一个人,好尴尬!其实,记忆的原理都是一样的,只是外国名字更长,更陌生,需要综合运用各种技巧。我以2019年诺贝尔奖得主的名字来举例讲解。

诺贝尔生理学或医学奖得主威廉·凯林,我由"威廉"相关联想到了英国的威廉王子,"凯林"的"凯"想到铠甲,"林"想到树林,整体想到威廉王子披着铠甲冲进树林。

另一位得主叫格雷格·塞门扎，"格雷格"，两个"格"字中间有一个"雷"，我就联想到两个格格在抢一个手雷，抢到后塞进门里用刀扎爆了，就是"塞门扎"。

诺贝尔物理学奖得主米歇尔·马约尔，如果你知道奥巴马的妻子叫米歇尔，可以想到她在马上约了尔康见面，这是一个很搞笑的穿越画面。如果你不认识米歇尔，可以拆合联想：米歇在了尔康的肚子上面，马过来约尔康出去玩。

再来看一个，诺贝尔文学奖得主彼得·汉德克，"彼得"是蜘蛛侠的名字，我拆合联想到，蜘蛛侠彼得手里拿着一个汉堡，是在德克士买的。

我就不再多举例了，以后再看电影、外国名著或球赛，可以试着记住外国人名，多练习，你会越来越强。

最后，我们再看看一些专有名词，包括植物学里的植物名、物理化学里的物品名、医学里各种药品名称等，其实原理都差不多，就以五个植物的学名为例吧。

（1）**巴旦木**　①八担木头。②巴士上有一担木头。

（2）**大花马齿苋**　戴着大花的一匹马，牙齿上咬着苋菜。

（3）**莓叶委陵菜**　草莓的叶子枯萎了，落在菱形的菜叶上面。

（4）**一球悬铃木**　一个球悬拌在铃木牌汽车上。

（5）**酸模叶蓼**　喝酸奶的模特用一片叶子在喂鸟。

划重点

我来总结一下本节学到的内容。我分享了抽象词汇转化成形象的五大法则：谐音联想、增减倒字、拆合联想、相关联想、综合联想，它们变成一句魔法口诀，就是"鞋子拆观众"。用这五大法则，我示范了如何记忆中国人名、外国人名还有专有名词。刚开始使用这五大法则时，可能速度会慢一点，但是多加训练就会熟能生巧，你就会成为形象记忆的高手，而这是后面所有方法的基础。

写作业

女性能顶半边天，中国女性的十个"第一"，请将她们的名字，用"鞋子拆观众"的方法记忆下来。

（1）第一位女大使：丁雪松

（2）第一位女飞行员：武秀梅

（3）第一位女火车司机：田桂英

（4）第一位女将军：李贞

（5）第一位女留学生：金雅妹

（6）第一位女外交家：冯燎（liáo）

（7）第一位女中央委员：向警予

（8）第一位女诗人：蔡琰（yǎn）

（9）第一位女博士：韦钰

（10）第一位女国际象棋大师：刘适兰

*公众号"袁文魁"回复"ZY"，获取参考联想。

第三节　配对联想法：4大联想技巧，告别张冠李戴，让信息牢固配对

上一节，我们学会了将抽象词转化为形象的五大法则，还把它变成了一句魔法口诀：鞋子拆观众，这是文字信息记忆的基本功。很多信息不是单独出现的，而是成对成对出现的，比如头像与名字、英语单词与意思、作家与作品、商品与价格、人物与职务等，在考核时会提供其中的一项，需要回忆出另外一项。如果采用死记硬背的方式，我们就有可能会张冠李戴，比如把李白的作品记成杜甫的，把财务部的老总认成是市场部的，这样就会非常尴尬，而配对联想法就可以让我们轻松搞定！

在我们生活中，有一些东西是成对出现的，很容易彼此联想，比如桌子想

到椅子，爸爸想到妈妈，黑想到白，高想到矮，它们之间有一定的逻辑关联。但是如果两个信息之间没有关系，像两个陌生人一样呢？就需要通过熟人介绍，让彼此更快地熟悉。在记忆里面，"联想"就相当于是这个熟人，负责牵线搭桥，将两个陌生信息紧紧捆绑在一起，这就是"配对联想法"。

配对联想，从逻辑上来看，可以通过"找共同点"的方式，比如"香蕉"和"梨子"，都是水果，都是黄色，但这种配对还比较松散，有时候可能会把另一半搞错。接下来我将分享配对联想的4大技巧：主动出击法、另显神通法、媒婆牵线法、双剑合璧法。我将以第一节"联想学习"记忆测试里的测试题为例，示范一下如何使用这些技巧。

一、主动出击法

在脑海中分别想到两个形象，让其中一个主动对另一个发生动作，使它们彼此接触并且产生一定的影响。

比如"照片"和"长江"，想象长江的浪花溅到一张照片上面，把照片都打湿了。

又比如"火车"和"战士"，可以想象一列火车轰隆隆地前进，撞到了战士的雕像上面；或者想象战士一拳打到了火车上面，把火车皮打凹进去了。

二、另显神通法

除了运用形象自身的动作之外，还可以借用其他东西的特征动作，进行夸张的联想，我称之为"另显神通法"。

比如"照片"和"长江"，可以将照片卷起来变成吸管，把长江的水喝干，还可以想象照片变成了木筏，在长江上面可以载人航行。

又比如"尾巴"和"棒球"，想象尾巴像棒球棍一样，一挥就打出了棒球，或者尾巴像吸尘器一样，把棒球吸了过去。

三、媒婆牵线法

又称"中介法"，找到一个中间事物，将两个东西建立联想。"照片"和"长江"之间，我想到了两种联想方式：

（1）照片冲印时产生的废水，全部都注入了长江。

（2）想象长江上刮起了龙卷风，龙卷风卷起了很多张照片。

又比如"天空"和"猫"，想象天空中降下来雨，雨淋到猫的身上。还可以想象猫沿着天梯，爬到了天空之上。

四、双剑合璧法

就是将两个东西组合在一起，变成一个新的东西。比如铅笔加橡皮就变成了带橡皮的铅笔，汽车加船就变成了水陆两用的气垫船。还可以想象其中一个东西替代了另一个东西的局部，比如桔子和汽车，想象一下桔子变成了汽车的四个轮子。那"照片"和"长江"呢，可以想成是一张长江的照片，"电影"和"农民"，可以想成主角是农民的电影。

这四大联想的法则，可以通过一个故事来记住：想象一个男生暗恋一个女生，他决定主动出击了，使用神通变出媒婆让她来牵线，最终他们两人双剑合璧结为夫妻。

接下来，我将从"文字与文字配对"和"文字与图像配对"两个角度，举例来进行讲解。

一、文字与文字配对

第一个案例是"养生水果"，每一种水果都有自己独特的功效，吃对水果，能帮助我们解决对应的身体问题，下面是6大水果的功效。

过度用脑——香蕉；

牙龈出血——猕猴桃；

长期吸烟——葡萄；

肌肉拉伤——菠萝；

预防皱纹——芒果；

脚气困扰——柳橙。

我来示范一下怎么样联想，注意脑海中一定要想象出画面：

1.过度用脑VS香蕉

"过度用脑"想到一个挑灯夜读疲惫不堪的学生，想象他拿着十几根香蕉在疯狂地吃，吃完神清气爽，这是用"主动出击法"。

还可以夸张一点，想到一个剥开的香蕉，像加油的汽油枪一样，在给大脑注入营养，这是"另显神通法"。

2.牙龈出血VS猕猴桃

想象正在流着血的假牙，咬住了一只猕猴桃，绿色的汁液到处溅开。

3.长期吸烟VS葡萄

想象一只燃烧着的烟，将葡萄熏成了葡萄干。

4.肌肉拉伤VS菠萝

想象一个肌肉男举着一只巨大的菠萝，在进行肌肉训练，结果把肌肉给拉伤了。

5.预防皱纹VS芒果

想象把芒果当作按摩器，用它轻轻地摩擦皱纹，皱纹竟然消失了。

6.脚气困扰VS柳橙

想到一只冒着气的大脚，一脚就踩碎了一只柳橙，橙汁喷出了一米远。

好啦，我们来尝试回忆一下吧：

（1）过度用脑要吃什么水果呢？＿＿＿＿＿＿

（2）牙龈出血呢？＿＿＿＿＿＿

（3）长期吸烟呢？＿＿＿＿＿＿

（4）肌肉拉伤呢？＿＿＿＿＿＿

（5）预防皱纹呢？＿＿＿＿＿＿

（6）脚气困扰呢？＿＿＿＿＿＿

你都回答对了吗？

刚才这个案例，涉及的文字都比较形象，如果是相对抽象的文字，可以先尝试用"鞋子拆观众"转化为形象，再来进行配对联想。

比如，我们去3个国家旅行，要记忆这些国家的首都。

柬埔寨的首都是金边，"柬埔寨"可以谐音为"简朴寨"，就是一个简朴的寨子，想象寨子里面的房屋都镶满了金边。

秘鲁的首都是利马，"秘鲁"想到便秘的鲁智深，"利马"谐音想到"立马"，立在马上，我们可以联想成：便秘的鲁智深吃了泻药，立在马上就拉出来了。

尼泊尔的首都是加得满都，"尼泊尔"想到了相关的"苏泊尔"压力锅，里面加得满都是水，都溢了出来。

好了，尝试回忆一下，看能否想起来吧？

柬埔寨的首都是？＿＿＿＿＿＿＿＿

秘鲁的首都是？＿＿＿＿＿＿＿＿

尼泊尔的首都是？＿＿＿＿＿＿＿＿

学会这种方法，不论是学习地理还是出国旅游，都可以轻松记忆啦！

二、文字与图像配对

有些场合，我们还需要将文字信息与图像信息配对，比如记忆国旗对应的国家名称，记忆头像对应的人名，记忆品牌LOGO对应的品牌名。图像信息可以通过"找特征"或"像什么"的方式，将其转化为具体的形象，再与文字信息转化的形象进行配对联想。

我先拿头像和人名为例吧。前面我们训练过头像照相记忆，也掌握了人名记忆的方法，但是有人很难将人名和头像对上号，就会出现看到张三喊李四这种情况。

王雪冰是我的学生，上一节里，我分享了她的名字可以这样记：《冰雪奇缘》里的冰雪女王。你可以在脑海中浮现出她的形象，想象她穿着冰雪女王的衣服，然后挥舞着手将周围的东西变成了冰。另一种方式是，找到她的突出特征，她的嘴巴下面有一颗痣，想象冰雪女王用魔法，把王雪冰嘴巴下面的痣变成了一块冰。

再来看看世界记忆大师"吕柯姣"，谐音为"绿壳饺"，外面是绿色壳子的水饺。如果你发现她长得像某个明星或你的熟人，你也可以想象她像的那个人，正在吃绿壳的水饺。如果观察面部的特征，最突出的特征是细长伸入头发的柳叶眉，可以想象在柳叶上面长出了很多绿壳的水饺，来帮助我们强化记忆。

讲完记忆人名和头像，我再举一下品牌logo和名称配对的例子。女性喜欢服饰、包包之类的品牌，男性喜欢汽车、手表之类的品牌，能够记住一些品牌，也不至于聊天时闹笑话。

请看下面的logo，是法国的奢侈品品牌香奈儿，产品有服装、珠宝、化妆品、香水等。"香奈儿"谐音为"香奶儿"，可以想到很香很香的牛奶；观察这个logo，很像一个手铐，想到一个小偷被香味吸引了，偷喝了香牛奶，被手铐铐了起来。

再看下面这个logo，是高级定制服装"纪梵希"的logo，"纪梵希"可以谐音为"机翻洗"，logo回卷的感觉像古代建筑的房檐。联想房檐陈旧了，放进洗衣机翻洗，就焕然一新了。另外，这个logo是4个G变形成的，可以想到4G手机，翻洗一下就成新机了。

关于logo，就举这两个例子吧，平时逛商场或者上淘宝，如果遇到了一些品牌logo，也可以尝试用这种方式去记忆，多加练习，你就会成为朋友圈里的品牌达人。

划重点

我来总结一下本节的内容。我主要分享了配对联想法，是将两个信息通过联想进行配对，想到其中一个就能够想到另外一个。

我先介绍了配对联想的4大技巧，分别是主动出击法、另显神通法、媒婆牵线法、双剑合璧法。

接着，我以"养生水果"和"国家首都"为例，示范了文字与文字之间如何进行配对。

最后，以"人名头像"和"品牌logo"为例，讲解了文字与图像之间的配对。

当然，配对联想法还有很多其他的运用，我们在后面的应用篇里再去感受它的魅力。

写作业

请尝试用配对联想的4种方法，记忆不同年份的婚姻叫作什么婚，这里数字我提供了相应的形象编码，供大家参考。

10的编码是棒球，因为1像棒子，0像球；20的编码是按铃；30的编码是三轮车；40的编码是司令；50的编码是奥运五环，像是由5个0组成的；60的编码是榴莲；70的编码是冰激凌；80的编码是巴黎，想到埃菲尔铁塔。

举例：1年，纸婚。"1"的编码是蜡烛，因为形状很像，和"纸婚"进行联想，可以想到蜡烛的火焰，把纸烧着了。

（1）10年 锡婚。

（2）20年 瓷婚。

（3）30年 珍珠婚。

（4）40年 红宝石婚。

（5）50年 金婚。

（6）60年 金钢钻婚。

（7）70年 白金婚。

（8）80年 钻石婚。

*公众号"袁文魁"回复"ZY"，获取参考联想。

第四节　定桩记忆法：大脑记忆图书馆，有序存储海量信息

上一节，我们学会了配对联想法，今天我将讲到的"定桩记忆法"，需要用到很多配对联想的技巧，特别是主动出击法和另显神通法。什么叫"定桩"呢？熟悉的、有顺序、有特征的一系列形象，都可以作为"桩子"，我们将要记忆的信息依次和每个桩子进行联想，在回忆时根据桩子的顺序，就可以回忆出信息的顺序啦！

"定桩记忆法"大家族成员很多，今天我们会讲到地点定桩法、万物定桩法和熟语定桩法，其中历史最悠久是"地点定桩法"，也称为"记忆宫殿法"，你可能在《读心神探》《神探夏洛克》这些电视剧里听说过它。

法国拿破仑将军据说能对几千名士兵的名字过目不忘，他说："一切事情和知识在我的头脑里安放得像在橱柜的抽屉里一样，只要打开一定的抽屉，就能取出所需的材料。"他所使用的方法，就是地点定桩法。

运用地点定桩法，首先需要在我们生活的环境寻找地点，找地点有以下五个黄金法则：

（1）**熟悉**。可以先从我们熟悉的地方开始，比如自己或亲戚朋友家里、学校、办公室、公园等。要储备大量地点时，需要去陌生的地方找，一般在脑海中过两三遍就能够记下来，还可以拍照和摄像，回去多复习几遍，也能转化成熟悉的地点。

（2）**顺序**。一般是按照顺时针的方向来找，有时候逆时针也可以。不要在一条水平线上找超过5个的地点，要有高低错落和角度的变换，我们记忆地点时会更容易一些。

（3）**特征**。要有突出的形象特征，最好是立体的，类似于挂画、墙壁等过于平面的不建议采用。另外就是同一组不要有相似的，比如把同样的两把椅子都作为地点，这样会容易混淆。

（4）**适中**。地点要大小适中，太小了看不见，太大了看不全。我找的地点一般的大小是水桶那么大。两个地点间的距离也要适中，一般距离在半米到一米之间。另外，光线的明暗也要适中，太亮或者太暗都不利于记忆。

（5）**固定**。找的地点不能是经常移动的，比如一只小狗，一个活人。如果我们把地点记下来了，即使家里重新装修了，也没有关系，以我们在大脑里记得的为准。

这五大黄金法则再复习一下，就是熟悉、顺序、特征、适中、固定。我找地点时，会把地点分组，每30个为一组，初学者可以先找10个来练练手。找完之后可以把它在脑海中默默地回忆一遍，然后写在自己的本子上面，通过脑海中多次回忆来熟悉地点。找地点并且记住地点，就需要用到"观察记忆法"里的"生活场景摄像训练"。

一般找地点最好是现场示范，立体感更强，我现在以这张图片为例，示范一下如何找地点。（本书重要图片的彩色版，请在公众号"袁文魁"回复"彩图"获取）

（向慧 绘图）

我选择站在地毯旁边来观察，按照顺时针的方向，第1个地点选择架子最上面的"花瓶"，第2个地点选第三排的"玩具熊"，第3个地点我选择了"电话"，第4个地点选择"枕头"，第5个地点选择"台灯"，第6个地点选择放着花瓶的"柜子"。

接下来我将视线转向大柜子，我选择"书"作为第7个地点，下面的"桌子"作为第8个地点，接下来，转身将视线转向了第一把"椅子"，作为第9个地点，然后将"圆桌"作为第10个地点。

现在，我们一起来复习一下这10个地点，分别是花瓶、玩具熊、电话、枕头、台灯、柜子、书、桌子、椅子、圆桌。再多在脑海中回忆两三遍，接下来，我们就要用它们来挑战记忆10个信息了。

美国《时代》杂志近日列出了"10种超级健康食物"，它们可以抗疾病、增体能，分别是牛油果、西兰花、核桃、三文鱼、黑巧克力、大蒜、菠菜、柠檬、薯类、豆类。接下来，我们要来定桩联想了。

（1）**花瓶和牛油果**，想象花瓶上的花结出了果子，往外面流油。

（2）**玩具熊和西兰花**，想象玩具熊手里捧着西兰花，向旁边的女娃娃求婚。

（3）**电话和核桃**，想象拿起电话的听筒来砸核桃，"哐"的一声，核桃裂开了！

（4）**枕头和三文鱼**，想象三文鱼游到枕头上，在两个枕头之间睡觉。

（5）**台灯和黑巧克力**，想象台灯的光把黑巧克力照得都融化了。

好啦，我们先来回忆一下吧，每个会给你3秒钟时间思考。

"花瓶"那里是什么？＿＿＿＿＿＿

"玩具熊"那里是什么？＿＿＿＿＿＿

"电话"那里是什么？＿＿＿＿＿＿

"枕头"那里是什么？＿＿＿＿＿＿

"台灯"那里是什么？＿＿＿＿＿＿

剩下的五个，我就不多举例了，大家可以自己试试！一定要注意，脑海中要有具体的画面！

除了房间可以用来定桩，万事万物都可以，比如汽车、摩托车、电脑、动物等按顺序拆分成小的部分，就可以用来定桩。比如看图片里的这辆汽车，我找到了以下10个桩子：①前轮；②车灯；③车标；④挡风玻璃；⑤车顶；⑥方向盘；⑦前座坐椅；⑧后座靠背；⑨后备箱；⑩排气口。

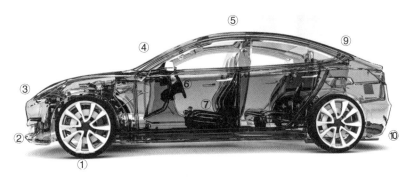

我们用它们来训练一下，记忆"成功人士的十大心态"：

①执着；②挑战；③热情；④奉献；⑤激情；

⑥愉快；⑦爱心；⑧自豪；⑨渴望；⑩信赖。

我举前三个为例，后面的作为今天的作业来训练。

（1）车轮——执着。车子停了好久，车轮还在不断转动，好执着。或者联想到车轮上面贴着营业执照。

（2）车灯——挑战。两辆车在挑战谁的车灯射出的光更远。还可以想到，《挑战不可能》的主持人撒贝宁，被车灯照得睁不开眼睛。

（3）车标——热情。由"我的热情像是一把火"，把"热情"联想到"火"，想象车标上面着火啦。

现在，回忆一下，车轮、车灯、车标，我们分别记住了什么？对，是执着、挑战还有热情。尝试把这十大心态记住吧，愿你能够拥有这些好的心态，驶往象征成功的目的地。

最后，我们来看看"熟语定桩法"，诗歌、名言、歇后语等我们熟悉的句子，比如"白日依山尽，黄河入海流""学而时习之，不亦乐乎"等，它们的顺序不会改变，如果我们能够将每个字先变成图像，再去和要记的信息进行一一联想，也是可以的。比如"白日依山尽"，"白"可以想到白菜、李白等，"日"则直接想到太阳，"依"想到衣服，这样依次转化之后就可以作为桩子了。

还有一种特殊的熟语，就是我们要记忆的知识的标题，这种方式被称为"标题定桩法"。我以哈佛大学心理学系系主任丹尼尔·夏科特的《你的记忆怎么了》里提出的"记忆七宗罪"为例，"记忆七宗罪"是指记忆出了问题时给我们带来的七种麻烦，它们分别是：

（1）健忘：记忆随着时间过去而减退或丧失。

（2）分心：没有记住该记住的事。

（3）空白：脑子里努力想找出某一信息，却怎么也想不起来。

（4）错认：误把幻想当作真实。

（5）暗示：在唤起过去记忆时，因受到某种引导性的问题、评论或建议的影响，而使记忆遭到扭曲。

（6）偏颇：根据自己目前的认知，重新编辑甚至全盘改写以前的经验。

（7）纠缠：明明想彻底忘却的恼人事件，却一再反复想起。

我就直接用"你的记忆怎么了"这七个字来做桩子，"你"可以想到"你自己"，"的"可以想到"的士"，"记"想到"笔记本"，"忆"谐音想到"摇椅"，"怎"谐音想到"枕"，"么"谐音想到《还珠格格》里面的"容嬷嬷"，"了"想到"鸟"。

（1）健忘（你——你自己）。想象你自己非常健忘，出门忘记带钥匙了。

（2）分心（的——的士）。的士司机开车分心了，撞到了一棵树。

（3）空白（记——笔记本）。笔记本打开是空白的。

（4）错认（忆——摇椅）。我把摇椅上的李大爷错认成了老王。

（5）暗示（怎——枕头）。我在失眠时不断暗示自己："我的头越来越沉，深深地陷入枕头里面。"

（6）偏颇（么——容嬷嬷）。容嬷嬷偏着头在下坡，摔了下去。

（7）纠缠（了——鸟）。两只小鸟为了争夺一条虫子，纠缠扭打在一起了。

现在，尝试在纸上写出"你的记忆怎么了"，写出每个字对应的桩子，再想到对应的"七宗罪"里的某一罪吧，看看你能否想起来，如果想不到的，就再闭眼将画面想象一两遍。

▌ 划重点

我来总结一下本节的内容。我讲到"定桩记忆法"，是将熟悉的、有顺序、有特征的一系列形象作为"桩子"，将要记忆的信息依次和每个桩子进行联想的方法。我讲到了地点定桩法、万物定桩法和熟语定桩法三种方式，找地点桩有五大黄金法则，就是熟悉、顺序、特征、适中、固定。

除了今天讲到的这三种桩子，还有"数字定桩法""字母定桩法""身体定桩法"等，你甚至还可以延伸出无数种桩子，这真是一种很神奇、很有效的方法，赶紧用起来吧！

▌ 写作业

请尝试用小汽车上的桩子，记忆"成功人士的十大心态"。

①执著；②挑战；③热情；④奉献；⑤激情；

⑥愉快；⑦爱心；⑧自豪；⑨渴望；⑩信赖。

*公众号"袁文魁"回复"ZY"，获取参考联想。

第五节　锁链故事法：信息"连环记"，知识点再多也不会漏记

上一节，我们学会了定桩记忆法，可以将很多信息借由桩子按顺序记住，但如果没有准备那么多桩子，我们还有其他方式将很多知识点记住，并且能保证不遗漏吗？当然！

今天我就来跟大家分享"锁链故事法"，用来记忆多选题、简答题、百科知识等有很多要点的知识，可以起到非常好的效果。"锁链故事法"其实是"图像锁链法"和"情境故事法"两种方法的合称，因为两个经常在一起使用，所以叫"锁链故事法"，我们先分别来举例讲解。

一、图像锁链法

图像锁链法，就是把要记忆的信息转化成一个个图像，然后将这些图像如锁链一样串联起来，A和B链在一起，B和C链在一起，C和D链在一起，依此类推。如果两两之间的联结比较牢固，就可以顺藤摸瓜全部都想起来，是不是有点像是"多米诺骨牌"？推倒一张，后面的牌就依次倒下。

那要怎样使用这种方法呢？总共有4大步骤：

第一步，将要记忆的每个信息简化，并且转化成具体的图像。这里就需要用到"鞋子拆观众"的技巧啦！

第二步，将图像彼此接触并两两建立联结。联结的方式可以是"主动出击"，第一个图像作用于第二个图像，也可以用静态的空间关系呈现，第二个在第一个的哪个部位，比如下面、右边等，让所有图像最终联结成一个环环相扣的锁链。

第三步，回忆并完善锁链。试着从头到尾将锁链在脑海中回忆一两遍。在回忆不起来的地方，可以适当调整。

第四步，记录下编好的锁链。可以用文字或者简笔画的方式记录下来，方便我们以后复习。

下面我以"八大减压食物"为例，示范一下记忆的步骤。

这八大减压食物分别是：

鱼；杏仁；核桃；牛奶；橙子；燕麦；鸡蛋；菠菜。

第一步，在脑海中转化出图像。这八种食物比较容易想到形象，如果对"燕麦"不熟悉，可以想到燕子叼着麦子的形象。

第二步，按顺序两两联结，在脑海中呈现出来。我串成的锁链如下：鱼嘴里面吐出了杏仁，杏仁的尖扎破了核桃，核桃撞翻了牛奶瓶，牛奶洒在了橙子上面，橙子滚动碾在一堆燕麦上面，燕麦挤压到鸡蛋侧面，鸡蛋碎开从上面长出了菠菜。

（杨子悦 绘图）

我这里主要是运用"主动出击法"，第一个作用于第二个，另外要注意在动作连接上应尽量具体一点，可以适当增加变化。有同学习惯用一个动作：吃。鱼吃了杏仁，杏仁吃了核桃，核桃喝了牛奶，这是典型的"吃货版"。还有人会用一个"打"或"砸"，核桃砸到牛奶，牛奶砸到了橙子，这是"打砸版"。如果都用一个固定的动作，将会很难回忆起来顺序。

我们在用第一个图像的特征作用于下一个图像时，要尽量具体到作用在哪个部位，会有怎样的结果。比如核桃砸到牛奶杯里，感受一下核桃砸下来，奶花飞溅的动感。

第三步，回忆并完善锁链。 现在我们来回忆一下吧，请根据我的引导，将你的答案说出来。鱼嘴里面吐出了什么？杏仁！杏仁的尖扎破了什么？核桃！核桃撞翻了什么？牛奶瓶！牛奶洒在了什么上面？橙子！橙子滚动碾在一堆什么上面？燕麦！燕麦挤压到什么的侧面？鸡蛋！鸡蛋碎开从上面长出了什么？菠菜！

你都想起来了吗？对于记忆不清晰的，或者感觉牵强的，可以做出调整。如果第一个"鱼"害怕会遗忘，可以把第一个和题目的关键词进行联想，比如"减压食物"可以想到高压锅，从高压锅里蹦出来一条鱼，鱼再吐出了杏仁。

第四步，记录下编好的锁链。你可以用文字版本，还可以用录音的方式记录，或者用简笔画绘制出来，在"图示记忆法"这一章，我会再具体分享绘图的简单技巧。

图像锁链法用途很广泛，我们再来看一个案例。我平时喜欢看一些动画片来调剂生活并激发灵感，每次观看都仿佛是一次心灵的旅行。我推荐7部奥斯卡最佳动画短片，适合全家人一起观看，我带着你们通过锁链故事法记住影片的名字。它们分别是：

（1）《纸人》。

（2）《哈布洛先生》。

（3）《盛宴》。

（4）《包宝宝》。

（5）《熊的故事》。

（6）《亲爱的篮球》。

（7）《父与女》。

我们还是按照步骤来吧：

第一步，在脑海中转化出形象。"哈布洛"，"哈"想到娃哈哈，"布洛"谐音"布落"，一瓶娃哈哈上面裹着的布，落了下来。"盛宴"可以想到美食堆成了山的样子。"包宝宝"想到很小的包子。其他的都比较容易想到图像。

第二步，按顺序两两联结，在脑海中呈现出来。现在想象，一个奥斯卡奖杯上是一个纸人，纸人手里捏着一瓶娃哈哈，娃哈哈上面裹的布落下来，掉在了美食堆成山的盛宴上，美食的里面有一个可爱的包宝宝，包宝宝掉下来砸到了读故事的熊头上，熊生气地扔出亲爱的老婆送的篮球，篮球打到了牵着手的父与女身上，吓了他们一跳。

第三步，回忆并完善锁链。奥斯卡奖杯上是什么？纸人！纸人手里捏着什么，会想起哪部电影？哈布洛先生！布落到了哪里？盛宴！盛宴里有什么？包宝宝！包宝宝砸到了谁？会想起哪部电影？熊的故事！熊扔出了什么？亲爱的篮球！篮球打到了谁？父与女！

就这样顺藤摸瓜一样，你可以都想起来吗？再试一下，根据脑海中的锁链，把这7部影片的名字写出来，并且将记忆的方式记录下来。

二、情境故事法

相对而言，图像锁链法比较容易操作。另外一种方式就是将要记忆的信息按顺序编成一个简洁、形象、有趣的情境故事，在脑海中像电影一样呈现出来，即"情境故事法"。编故事时加上时间、地点、人物、事件这些故事的元素，就更容易被回忆起来。

比如现在我们试着将刚才讲的7部短片，加入一些故事情节，编一个更生动有趣的小故事。"哈布洛"这里我用另一种方式转化，变成首领是歌手哈林的部落。故事是这样的：从前有一天，有一个纸人，来到哈林带领的部落，哈林邀请他参加篝火盛宴，在盛宴上，纸人夹起了一只包宝宝，咬了一口，包宝宝大哭，纸人为了哄他，就拿出书给他讲熊的故事，包宝宝笑了，还把自己亲爱的篮球送给纸人，纸人和自己的女儿一起打起了篮球。

这个故事，是不是更有逻辑而且更生动了呢？它和前面图像锁链法不一样的地方就是，有一个主角"纸人"，他贯穿在故事的始终，而且推动故事发展的是有逻辑的情节，比如为什么会有《熊的故事》，因为包宝宝哭了要被哄。所以，将词汇编成一个连贯的故事，需要我们的想象力和创造力，虽然难度更大一些，但是多加练习，我们也会成为编故事的高手。

接下来，我们拿一个案例来练练手吧。2020年我的《大脑赋能精品班》在西安开课，西安是历经13个朝代的古都，我们尝试使用"情境故事法"，来记忆西安十大必去的历史景点吧。它们分别是：

（1）西安城墙。

（2）秦始皇兵马俑。

（3）大唐芙蓉园。

（4）华清宫。

（5）大雁塔。

（6）回民街。

（7）鼓楼。

（8）陕西历史博物馆。

（9）大明宫国家遗址公园。

（10）秦始皇陵。

编情境故事的步骤和图像锁链也比较类似：

第一步，将相对抽象的转化成形象。 像"华清宫"可以倒字加谐音变成"青花弓"，青花瓷做的弓箭。"回民街"想到人们都穿着回民服饰的街道。"大明宫"想到电视剧《大明宫词》里的平阳公主。

第二步，进行故事串联。 如果不需要按照这1到10的顺序，就可以适当调整顺序。先大致浏览所有的词汇，看看有没有可以作为主角、配角、场景的，以及有没有一些可以放一起记的，比如"秦始皇陵"和"秦始皇兵马俑"，可以想到"秦始皇"，并以他作为故事的主角。接着尝试在头脑里串联，我编成了下面这个故事：

想象在西安城墙上，秦始皇正在检阅兵马俑，一个兵马俑前来报告，在大唐芙蓉园里，挖出了一只青花弓，皇上马上大雁传书给回民街的街道官员，他登上鼓楼紧急敲响了钟，召集来陕西历史博物馆的专家，专家鉴定，这是大明宫国家遗址，这弓是平阳公主用过的，于是秦始皇命令把它放到秦始皇陵里珍藏。

第三步，回忆并修正完善故事。 这个故事当然不是真实的，不需要去考究历史真实性，但故事在逻辑上还比较合理，也比较简洁有趣，可以结合文字多看两遍，想象出具体画面，然后依次背出来。

第四步，记录这个故事，在后面遗忘时可以拿出来复习。

最后，我来讲讲图像锁链法与情境故事法的区别：图像锁链法中，任何时候脑海中都只有两个图像，像是两两合影的照片；情境故事法则是一个连贯的情节，像是一部电影或动画片。一般我会将两种方法综合运用，不会分得那么细，能够将知识点串起来记住就好！

划重点

我来总结一下本节的内容。我们通过挑战"7个奥斯卡最佳短片"和"西安十大历史景点"，学习了图像锁链法和情境故事法，它们合称"锁链故事法"。

记忆的步骤如下：一是要将信息分别转化成具体的图像；二是将这些图像通过空间位置、动作或故事情节进行联结；三是尝试回忆并且完善你的联结；四是记录下编好的故事，方便复习。通过这两种方法，将要记忆的众多知识点串联起来，能达到按顺序记忆的目标。多多尝试编故事吧，你的记忆力和想象力都会越来越棒！

写作业

日本经营之圣稻盛和夫在年轻时就提出了"六项精进"，认为只要从这六个方面去努力，就能做好自己的事业，并创建美好的人生。请用故事法记忆下面内容。

所谓"六项精进"指的是：

（1）付出不亚于任何人的努力。

（2）要谦虚，不要骄傲。

（3）要每天反省。

（4）活着，就要感谢。

（5）积善行，思利他。

（6）忘却感性的烦恼。

*公众号"袁文魁"回复"ZY"，获取参考联想。

第六节　歌诀记忆法：挑取字头和要点编歌诀，零散信息两遍记牢

上一节，我们学习到锁链故事法，就是将要记忆的信息按照顺序，彼此联结之后编成一个故事来记忆。本节我将讲到另一种方式，叫作"歌诀记忆法"，把要记忆的信息提取字头或者要点，编成一个朗朗上口而且形象有趣的歌诀。

这种方法用途广泛，比如古代启蒙教育的经典《三字经》《弟子规》等，现代的九九乘法歌、二十四节气歌、英语字母歌等，都是用歌诀来辅助记忆，如果我们能够掌握"歌诀记忆法"，便可以自创歌诀，帮助我们记住想记住的一切知识。

我在读高三那一年，把政史地的知识编了几百条歌诀，包括历史里的各种条约，地理里各国盛产的作物等，录制了20多盘磁带，利用吃饭、走路、睡前等空余时间反复听，把文科教材背得滚瓜烂熟，大大减少了复习文科的时间，所以我非常推崇这种方法。我这里主要分享两种歌诀记忆法，一种是字头歌诀法，另一种是要点歌诀法。

一、字头歌诀法

字头歌诀法，是针对比较熟悉但有很多点的知识，挑选每个里面的第一个字或者关键字，将其串成一句有意义的话或歌诀。

大家可能听过一个字头歌诀："出门之前，伸手要钱"，"伸手要钱"代表着身份证、手机、钥匙、钱包，每次出门前都念一下，就不会出现忘带东西的尴尬了！我读高中时，地理老师曾经分享过一个字头歌诀，叫作"云龙卖馍"，可以用来记忆我国的四大石窟，它们分别是云冈石窟、龙门石窟、麦积山石窟和莫高窟。是不是感觉很巧妙，很容易就记住了？

那自己怎么编字头歌诀呢？

我以一个国学常识为例进行示范。我们看古代的小说或电视剧，经常会听到一个词叫"八拜之交"，比如"刘备、关羽、张飞在桃园结为八拜之交，共

图大业"，你知道都是哪八拜吗？

这"八拜之交"有八大典故，分别是指：

管仲和鲍叔牙的"管鲍之交"，俞伯牙和钟子期的"知音之交"，廉颇和蔺相如的"刎颈之交"，角哀和伯桃的"舍命之交"，陈重和雷义的"胶漆之交"，元伯和巨卿的"鸡黍之交"，孔融和祢衡的"忘年之交"，刘备、张飞和关羽的"生死之交"。

接下来要开始编字头歌诀了：

第一步：**熟悉理解**。先看一两遍这些信息，如果是比较抽象的信息，可以先用"鞋子拆观众"的方法记熟。比如"管鲍"，可以谐音想到"管饱"，"鸡黍"联想到"故人具鸡黍，邀我至田家"，"胶漆"想到"如胶似漆"这个成语，其他的就都比较简单了！

第二步：**挑取字头**。从"管鲍""知音""刎颈""舍命""胶漆""鸡黍""忘年""生死"这八个词里，直接挑选字头为：管、知、刎、舍、胶、鸡、忘、生。如果信息更复杂时，也可以考虑字头之外的其他字，特别是发现第一个字相同，或者第一个字难以联想时。

第三步：**组成歌诀**。这个没有要求按顺序，先看看哪些组合在一起可以变成一个"组块"，比如"管"和"知"可以谐音为"管子"，"刎"和"胶"可以谐音想到"闻胶"，"生"和"忘"可以谐音想到"身亡"，最后我组合成：鸡舍管知，刎胶生忘。谐音之后的最终版歌诀就是：鸡舍管子，闻胶身亡。

第四步：**意义化**。通过画面联想，让歌诀更有意义。刚才的歌诀可以联想一个场景：一只鸡舍弃了管子，闻了一下橡胶就身亡了。

第五步：**尝试回忆**。由"鸡舍管子，闻胶身亡"这个歌诀作为提示，看看可否想到记忆的材料。

来试试看。鸡是什么？_____。舍是什么？_____。管是什么？_____。子是什么？_____。闻是什么？_____。胶是什么？_____。身是什么？_____。亡是什么？_____。

如果有想不到的部分，可以通过复习来强化记忆，或者适当进行修改。

第六步：复习强化。我会把歌诀写在书上，不定期去复习这些歌诀，另外也可以在手机里录音，通过听觉的方式达到长期记忆。

我们通过一个歌诀就轻松记下了八拜之交，下次在表达朋友或者知己之情时，除了生死之交，你是不是有更多的表达了？

字头歌诀法不仅适用于国学常识，还可以应用在很多不同的学科上。武汉大学新闻学院的王怀民书记，就经常用字头歌诀法来记忆最新的理论知识。有时候参加培训学习，学校领导会不经意间提问，很多老师都是两眼一抓瞎，但是熟练使用记忆法的王书记却可以脱口而出，这都得益于他学过记忆法。我们来看看他使用字头歌诀法的两个案例。

第一个案例，习近平总书记提出的"六个下功夫"。习书记在全国教育大会上强调，要在坚定理想信念上下功夫，要在厚植爱国主义情怀上下功夫，要在加强品德修养上下功夫，要在增长知识见识上下功夫，要在培养奋斗精神上下功夫，要在增强综合素质上下功夫。

王书记挑取的字头是"理想信念"的"理"、"爱国主义"的"爱"、"品德修养"的"品"、"知识见识"的"识"、"奋斗精神"的"奋"、"综合素质"的"素"，组成一句话，就是"理爱品识奋素"，谐音之后是"你爱平时分数"，想象有个大学老师，爱以平时分数来衡量学生。

再看下一个案例，习近平总书记提出了"四有好老师"，广大教师要做有理想信念、有道德情操、有扎实学识、有仁爱之心的好老师。这"四有"，王书记挑取的字头是"理想信念"的"理"，"道德情操"的"德"，"扎实学识"的"学"，"仁爱之心"的"仁"，调换一下顺序变成了"学理德仁"，谐音为"学李德仁"。李德仁是武汉大学教授，测绘遥感学界的泰山北斗，湖北省唯一的双院院士。如果你没有听过李德仁教授，也可以挑取字头为"道理扎仁"，谐音为"道理扎人"，想到有长辈老是给你讲道理，说的话很扎人。

二、要点歌诀法

在平时记忆的知识中，有一些比较复杂的，挑选一个字后要想到原来的内容比较难，这时就可以挑选其中的要点进行浓缩，将其编成有节奏的歌诀，这叫作"要点歌诀法"。

比如养生歌诀：吃米带糠，吃菜带帮。男不离韭，女不离藕。青红萝卜，生克熟补。食不过饱，饱不急卧。

比如安全歌诀：遇地震，先躲避，桌子床下找空隙，靠在墙角曲身体，抓住机会逃出去，远离所有建筑物，余震蹲在开阔地。

我们要如何编要点歌诀呢？我以诸子百家的主要思想及主张来举例，精选部分核心内容如下：

（1）儒家孔子："仁爱""有教无类"。

（2）儒家孟子："仁政""民贵君轻"。

（3）道家老子："无为"。

（4）墨家墨子："兼爱""非攻"。

（5）兵家孙子："知己知彼，百战不殆"。

（6）兵家孙膑："事备而后动"。

编要点歌诀的步骤：

第一步，熟悉理解。上面这些大家可能比较熟悉，就不花时间来讲解了。

第二步，挑选要点编歌诀。这里的关键信息有三个，代表门派、代表人物和代表思想。儒家的孔孟都推崇"仁"，可以放在一起编为"儒家仁爱有孔孟"，再将不同要点组合在一起为："孔教无类孟君轻"，编到这里就定下了歌诀的字数是每句七个字。

道家老子的"无为"，组合成"老道无为"，剩下三个字，墨家的"兼爱""非攻"，可以挑字头变为"墨兼攻"，谐音就是"莫建功"，和前面的合起来就是"老道无为莫建功"。

兵家的"知己知彼，百战不殆"我们都很熟悉，挑取"知"，"事备而后动"挑取"后动"，编成歌诀是"兵家两孙知后动"。

这四句歌诀就是：儒家仁爱有孔孟，孔教无类孟君轻。老道无为莫建功，兵家两孙知后动。

第三步，尝试去朗读歌诀并使其有意义。有不完善的地方可以调整，然后尝试根据歌诀来回忆内容，看是否可以想起来。

第四步，复习强化。通过听录音或者诵读的方式，甚至可以用唱出来的方式，帮助我们记住歌诀。

你学会了吗？

想快速地编要点歌诀，还要多借鉴已有的歌诀，医学、会计、法律等很多学科在网上都有不少歌诀，可以适当改造为我所用。当然，我更推荐大家自己尝试去编歌诀，在编的过程中你也在深入理解，同时你编的歌诀融入了自己的阅历，记忆起来会更容易。虽然刚开始编歌诀会有些麻烦，但是当你编过30条之后，你编歌诀的速度就会越来越快，记忆的效率也会越来越高！我高考编了几百条歌诀的经验已经证明，这一定可以帮助你提升学习效率和成绩，所以，赶紧把这种方法用起来吧！

▌划重点

我来总结一下本节的内容。我主要分享了两种歌诀记忆法：字头歌诀法和要点歌诀法，它们都需要先熟悉理解，然后挑取字头或要点，再尝试编定歌诀并意义化，最后尝试回忆歌诀并复习强化。

我以"八拜之交""六个下功夫""四有好老师"为例，示范了字头歌诀法如何操作；以"诸子百家的主要思想及主张"为例，讲解了要点歌诀法的技巧。对于特别熟悉，挑取一个字就能够想起来的内容，优先使用字头歌诀法；需要有更多要点内容编进歌诀的，就可以用要点歌诀法，当然两者也可以结合在一起使用。

写作业

请尝试用歌诀记忆法记忆下列两道题目。

（1）8大提高抵抗力的食物：红薯、香蕉、菠菜、牡蛎、青鱼、鹌鹑蛋、大蒜、番茄。

（2）1984年中央开放了14个沿海开放城市：温州、宁波、福州、秦皇岛、广州、大连、连云港、天津、南通、上海、北海、烟台、青岛、湛江。

*公众号"袁文魁"回复"ZY"，获取参考联想。

第七节　图示记忆法：掌握4大图示工具，信息可视化让记忆更容易

本节，我们将学习图示记忆法。俗话说："一图胜千言"，在这个读图时代，当你想让别人记住你的演讲或谈话，当你想要记住课本或手册里的知识，如果你能够将关系复杂、内容较多的文字材料，根据其内部的逻辑层次关系，变成条理化和可视化的各种图示，记忆将会变得更容易，而且保持时间更久。

如今，图示工具越来越多，包括鱼骨图、流程图、气泡图、循环图、桥形图等，我将分享4个辅助记忆的图示：定位图示法、锁链图示法、卫星型图示法和树型图示法。

一、定位图示法

我们之前学习过定桩联想法里的万物定桩法，包括使用汽车、摩托车、动物等，将其按顺序分解成不同的部分，将要记忆的信息与之联想。而定位图示法，就是将定桩联想的画面，用简笔画辅以简单的文字，直接呈现在一张纸上，便于自己进行直观记忆。

我举一个我参加心理学考试的案例。行为疗法是以减轻或改善患者的症状或不良行为为目标的心理治疗技术的总称，我们在教育子女和学生时也可以使

用，常见的方法有：

①强化法；②代币奖励法；③行为塑造法；④示范法；

⑤处罚法；⑥暂时隔离法；⑦自我控制法；⑧松弛训练法；

⑨系统脱敏法；⑩肯定性训练。

我花了几分钟时间画了下面的图片，大家对照图片来看我的讲解。我大致浏览内容之后，由"行为疗法"和"强化法"，突然就想到了"光头强"的形象，于是用他的身体来定桩。接下来，我考虑到并不需要严格按照1到10的顺序来记，所以我看看有没有可以更容易和身体部位联想的，比如"代币奖励法"，想到左手拿着100块的代币。"行为塑造法"，我由"塑造"想到了"树"可以"造"房子，就在右手画了一把锯子，锯了树之后造了房子。

"示范法"，我谐音想到了"四饭"，就在嘴巴下面画了4粒米饭。"处罚法"我想到了一般处罚会打屁股，就在屁股那里画了一个木板。"暂时隔离法"我想起孙悟空画一个圈，将唐僧等人与妖怪隔离，于是我就在他脚的四周画了一个圈。"自我控制法"我会想到遥控杆，这个和手更容易联想，但是手已经没位置了，我就画在了安全帽上，操作这个遥控杆，可以控制帽子的高度。

"松弛训练法"，我联想到大部分人肚子上没有腹肌，都是松弛的皮肤，于是就在肚子上画了波浪线，表示"松弛"。"系统脱敏法"由"系"想到系鞋带，"脱敏"想到脱鞋子很敏捷，所以我就在鞋子上画了一个鞋带。最后一个"肯定性训练"，一般是用心来肯定，所以我就在胸口画了一个爱心，里面写着"yes"代表"肯定"。

这十个点已经都定位好了，看完图片和我的讲解，你可以尝试闭眼回忆一下，是否可以想起来呢？想不到的，可以再看一两遍，直到完全可以想起来。当然，这个是我思考并绘制的，这个过程中我眼到、手到、脑到、心到，所以画完之后，一两个月不复习，我都可以将这张图在脑海中想起，随时调用。

二、锁链图示法

锁链图示法，就是将使用图像锁链法时脑海中想到的锁链，通过简笔画的形式呈现在一张纸上。脑海中用图像锁链法来串锁链，单个的图像可以想得很复杂，但是要画出来，就尽量用最容易画的。比如"慈悲"，你如果想到慈悲的菩萨，就比较难画，但如果谐音想成"瓷杯"，几笔就可以完成。

我以"多元智能理论"为例。哈佛大学霍华德·加德纳教授认为，过去对"智商"的定义比较狭隘，人类的智能是多元的，每个人都包含一些不同的优势智能。加德纳最终提出了九大智能：

①语言智能；②逻辑数学智能；③空间智能；④身体运动智能；

⑤音乐智能；⑥人际智能；⑦内省智能；⑧自然观察智能；⑨存在智能。

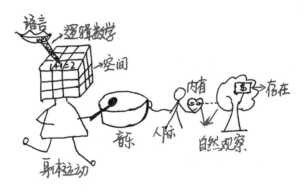

我在绘制时，有些是全部想好再绘制，更多的时候，我是边画边往后想，大家可以结合图片，看看我的思考过程。"语言"我想到了嘴巴；"逻辑数学"用萝卜和数字代表，所以画了嘴巴叼着萝卜在写数字；"空间"想到魔方，所以把数字写在了魔方上面；"身体运动"，就想象魔方是一个机器人的头，下面画出身体，表现机器人正在跑步做运动；"音乐"想到这个机器人用

手在打鼓；"人际"想到鼓上有绳子系着一个火柴人，这个人拿着一颗心在"内省"；这颗心的眼睛在观察一棵树，代表着"自然观察智能"；这棵树上长着很多"存折"，代表"存在智能"。现在，你可以根据我的图片和讲解，尝试来回忆一下，相信你也可以很轻松就记住，并且想忘记都难！

我有一次去一家早教机构，机构宣传上写着以"多元智能理论"作为课程的核心理念，我问校长："多元智能有哪些智能？"校长居然支支吾吾答不上来，如果学过记忆法，就不会有这样的尴尬了！

三、卫星型图示法

卫星型图示法，是指没有主次关系的三个或三个以上独立的要素，以对等的关系保持均衡的框架。如果要素是三个，就可以呈现出等边三角形，四个可以用正方形来呈现，五个可以用五角星来呈现，要素均放在各个顶点上。

卫星型图示法一般将各个要素通过直线相连，如果要素之间有相互作用，可以用箭头加文字来呈现。比如以下文字：

美国的三权分立制度，行政权、立法权和司法权相互影响和制约，行政权可以任命联邦法官来影响司法权，司法权可以宣布总统违宪来影响行政权；行政权可否决国会法案来影响立法权，立法权可弹劾总统来影响行政权；任命司法官员需参议院确认，立法权以此来影响司法权，而司法权可通过宣布法律不合宪法来影响立法权。

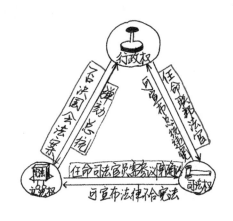

大家可以看下图片，行政权、立法权、司法权，我适当配了一点简笔画，分别用印章、站立的法律书和法官的锤子来代表，通过这张图示，就会更加清晰地看到三权之间的关系。

再举一个例子。我在阅读《唤醒沉睡的天才》这本书时，里面讲到埃里克森的转化式谈话的五大原则，作者就是用五角星式的卫星图来呈现的，我在它的基础上将五大原则形象化了，请看这张图示。

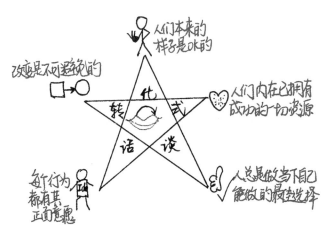

这五大原则，第一条是"人们本来的样子就是OK的"，我画了一个火柴人，做出OK的手势。第二条是"人们内在已经拥有成功所需的一切资源"，我画了一颗心代表"内在"，里面画了"孜然粉"代表"资源"。第三条是"人总是做当下自己能做的最佳选择"，我画了一个大拇指代表"最佳"，画一个"√"代表"选择"。第四条是"每个行为都有其正面意愿"，我画了一个行走的人，衣服正面写着"I do"代表"意愿"。第五条是"改变是不可避免的"，我画了一个方形，用一个箭头指向圆形，代表着它的"改变"。现在，请试着回忆一下这五大原则吧！

四、树型图示法

树型图示法呈现了信息之间的层次关系，在学校教学里很常见，比如大括号形式的知识框架图，它可以分为分类树、逻辑树、组织结构树三大类。分类树是大类按照一定的标准分类成中类，中类则又细分为小类；逻辑树的大类为结论，中类为理由，小类为细化的证据；组织结构树，大类为上级，中类是大类的下级，小类是中类的下级。

分类树，我以"物质的简单分类"为例：

物质根据组成物质的种类的多少，可分为混合物和纯净物；纯净物根据组成元素的多少，分为单质和化合物；单质又分为金属单质、非金属单质和稀有气体；化合物分为无机化合物和有机化合物；无机化合物分为酸、碱、盐和氧化物。

只是看这段文字的话，就会有一点点晕，但用树型图示法就可以清晰理解这段文字，请看下面的图片。

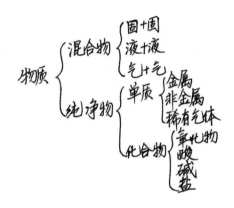

树型的另一种形式是从上往下展开的，比如企事业单位比较常用的组织结构图，或者《金字塔原理》这本书里的金字塔模型。下页这张图示就是金字塔模型用于思考、表达的模板，最上面是中心论点，接下来是几个分论点，每个分论点都有多个论据，这就是"逻辑树"。

比如，我要演讲的主题是"导致注意力涣散的原因"，这个就可以作为中心论点，分论点就是哪些方面的原因，我分别写了生理原因、心理原因、环境原因，这里我也适当用了简笔画来加深记忆，分别画了生理盐水、一颗爱心和环形的镜子。

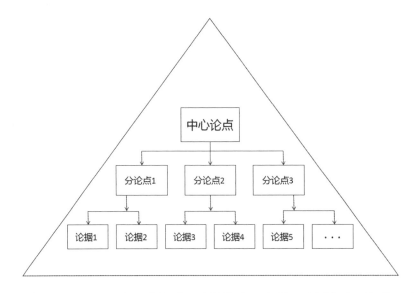

在生理原因下面，有三个部分：大脑发育不完善，生活作息不规律，身体疾病。在心理原因下面，有三个部分：寻求关注，压力过大和追求完美。在环境原因下面，有三个部分：环境嘈杂，刺激过多，家庭教育不当。

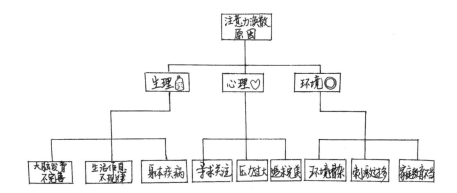

这些内容，我通过树型图清晰呈现，是不是一目了然？

我在读高中时，特别喜欢树型图，学习政史地等文科知识，我还专门买了相关的参考书，借鉴书籍里的树型图，然后自己适当调整，最终将知识体系结构非常直观地呈现在脑海里，答题时在树型图里按顺序搜索，就能够没有遗漏地答上所有知识点，你也多尝试一下吧！

划重点

　　我来总结一下本节的内容。我讲到了四种将复杂内容条理化和可视化的图示工具，分别是定位图示法、锁链图示法、卫星型图示法和树型图示法。

　　定位图示法是借助一些熟悉的物品或动物，将其按顺序分解成不同的部分，将信息与之联想并画出在相应的地方。

　　锁链图示法是将使用图像锁链法时脑海中想到的锁链，通过简笔画的形式呈现在一张纸上。

　　卫星型图示法，主要是呈现没有主次关系的三个或三个以上独立的要素之间的相互关系。

　　树型图示法是呈现信息之间的层次关系，分为分类树、逻辑树、组织结构树三大类。

写作业

　　请使用合适的图示法，记忆"马斯洛需求层次理论"的七个等级。

　　（1）生理需要。

　　（2）安全需要。

　　（3）归属和爱的需要。

　　（4）尊重需要。

　　（5）认知和理解需要。

　　（6）审美需要。

　　（7）自我实现需要。

　　*公众号"袁文魁"回复"ZY"，获取参考联想。

第八节　思维导图法：绘制思维导图，结构化让记忆更有条理

　　上一节我们分享了图示记忆法，通过锁链图示法、定位图示法、卫星型图示法和树型图示法，我们体验到"一图胜千言"的魔力。对于内容结构比较简

单的信息，图示法完全够用，但当知识更加系统、更加庞杂时，就需要更加强大的工具来辅助进行记忆，这就是今天要讲的思维导图。

世界大脑先生东尼·博赞说："如果把学习比作一场作战，思维导图就相当于是指挥官的作战指挥图，而记忆术就是士兵手中的武器，两者合二为一，战无不胜。"

东尼·博赞先生既是世界记忆锦标赛的创始人，也是思维导图的发明人，他在《思维导图使用手册》这本书里这样定义思维导图：它是以图解的形式和网状的结构，用于储存、组织、优化和输出信息的思维工具。

思维导图被誉为"打开大脑潜能的万能钥匙"，可以帮助我们创意思考、整理思路、构思策划、制订计划、管理信息、有效记忆，目前很多世界500强企业都在运用思维导图，越来越多的中小学也引入思维导图用于教学，在中高考试题里也出现过思维导图。

要学好思维导图需要系统的课程或书籍，这一节我们主要学习思维导图如何帮助记忆，以及绘制思维导图的基本技法。博赞先生最初发明思维导图就是为了帮助记忆，他发现传统的笔记一记就是一整页，很多重要的关键信息埋没其中，于是他就尝试挑出关键词，写在另一张纸上，然后用一些线条，呈现这些词之间的关系，慢慢地，就发展成一种从中心向四周延伸的放射性结构。最后，他通过线条的颜色和有趣的插图来区分信息，就变成了现在的博赞式思维导图。

我们先来通过一个小测试，体验一下思维导图的记忆魅力。请你尝试看着下面的18个词语，注意不能使用前面的记忆法，看看你要记完需要多长的时间。

橙子　黑板　葡萄　开心　篮球　三角尺　哑铃　雪天　游泳

雨天　西瓜　书本　晴天　愤怒　阴天　　雷电　伤心　柠檬

接下来，试试看着这张思维导图，看能否更快地记住？

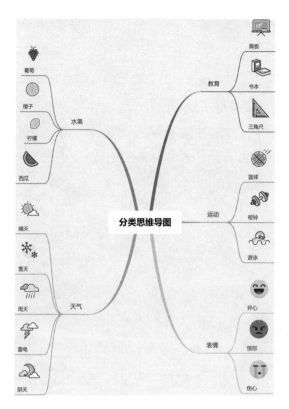

　　我把它分为了教育、运动、表情、天气、水果五大类，每一类在不同颜色的线条上，而且信息除了文字，还配上了图像，这样就好记多了。

　　思维导图之所以能加深记忆，主要由于以下五个因素：

　　第一个是分类。同类的信息放在一起，可以促进联想记忆，比如"天气"，有晴天、阴天、雨天、雪天、雷电，如果回忆时有遗漏，我们就可以知道从"天气"里想想漏了哪个。比如"教育"，有黑板、书本和三角尺，容易想到老师一手拿三角尺一手拿着书本，在黑板前讲课的场景。

　　第二个是组块。我们一次性记忆组块的量在7个左右，原来18个词语是有18个组块，现在分成了教育、运动等5大组块，就会很容易记住，而每个类别后面的信息也在7个以内，也非常容易记忆。

　　第三个是图像。如果一张思维导图里完全没有插图，甚至没有颜色，记忆效果会大打折扣，大脑都是"好色"的，有趣且显眼的图像会让文字更加突出，加强记忆。

第四个是简洁。思维导图上一般都是用关键词，一般是2~5个字居多，而不是大段大段的句子，关键词比句子更简洁，更易记。

第五个是层次。思维导图从中心往外面延伸，是大主题分出了小主题，小主题又细分成更小的主题，层次非常清晰。如果你把"黑板"放在了"水果"后面，或者把"水果"放在了"天气"后面，逻辑就乱套了，就不太容易记忆了。

现在，知道了思维导图为何能促进记忆，接下来再来看看，思维导图是由哪些部分组成的，又有哪些绘制的规则呢？这张是我的学员刘丽琼老师为我绘制的思维导图，我来为你讲解。

首先你会被最中间的图吸引，它叫作"中心图"，占据绝对的C位，以图像和文字的方式，呈现出思维导图的主题，一般在A4纸里占一张银行卡大小的位置，且最好有3种以上颜色。我的名字"袁文魁"，想成圆形的有花纹的向日葵，所以就画了向日葵作为"中心图"。

接下来从中心图由粗到细向外延伸出去，像是牛角一样的部分，叫作"主干"，四条主干分别是简介、兴趣、事业和梦想，代表着四个主要介绍的方向，阅读时从右上角开始按顺时针方向读。

"主干"之后，往后延伸出来的叫作"分支"，比如"兴趣"后面是"阅读""摄影""冥想"，三者是并列关系，"摄影"后面还有下一级分支，是"樱花""荷花""梅花"。理论上，分支可以无限往后面延伸，但基于组块原理，我建议分支不要超过5级。

最后，你会发现思维导图里的"文字"有一个规律，都是写在线条的上面，而不是线条的后面。还有一些文字的旁边配了一张图，这叫作"插图"，一些非常重要或难以记忆的信息，可以通过插图来强化记忆，比如"心理"画了一颗爱心，"作家"画了一只羽毛笔。

接下来，我们要尝试绘制一张思维导图。我们绘制的素材是本书第一章第三节"搞清记忆的运作规律，让记忆效率直线上升"，请你再看这一节的内容复习一下。

给文章或者课程绘制思维导图，有两种形式，一种是使用软件来绘制，另一种是手绘思维导图。

用软件绘制思维导图，我推荐XMind和iMindMap这两款软件，软件使用起来非常简单，绘制线条和插入图片很方便，效率很高。下面这两张图是我用XMind整理的思维导图，一张是简单版的，一张是将五大规律的内容细化之后的完整版，分支层次更丰富，供大家参考。

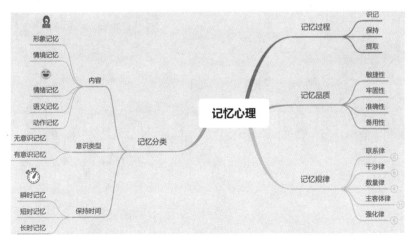

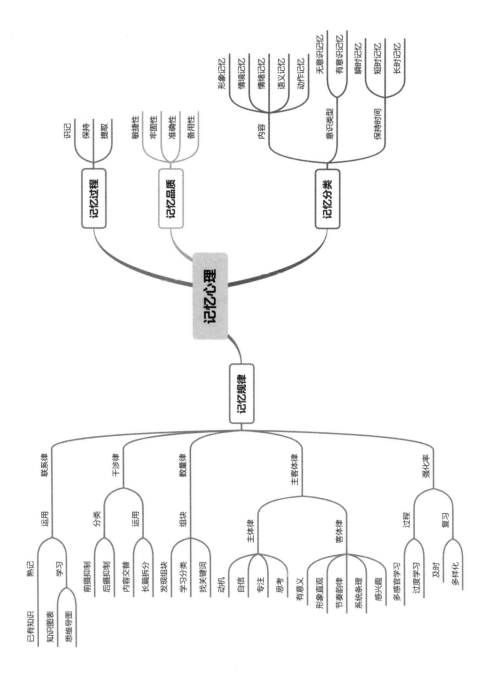

有些场合不方便用电脑，比如学生上课时，就适合手绘思维导图。手绘的好处是，绘制的过程融入了各种感官，眼睛要看，手要绘制，脑要思考，心要融入，这样会加深你的记忆效果。我来示范一下手绘上面那张简单版的思维导图。

手绘需要准备的工具：空白的A4纸或笔记本，纸上不要有线条，还需要铅笔、中性笔和12色的水彩笔。绘制步骤如下：

第一步，绘制中心图。拿出一张白纸，将纸张横着放，这样视野更加开阔。在这张纸的正中心画出中心图，我画了一个大脑的形象，正上方有数字、字母、公式等进入大脑，代表着"记忆"。

第二步，绘制主干和分支。在阅读文章后分析得知，主干主要是记忆过程、记忆品质、记忆分类和记忆规律，考虑到记忆分类内容较多，为了布局合理，将它放在了左边。绘制时，先画第一个主干，从中心图往外延伸出两条线，汇聚于一点，在主干写上文字"记忆过程"，接下来从主干末端延伸出三条曲线，注意不是直线，因为曲线更柔软、更容易吸引人注意，在上面分别写下"识记""保持""提取"。

　　接下来，有些人习惯是画完一个主干就涂色，也有人会把所有主干画完之后再涂色，两种方式都可以。注意，主干和它后面的分支，都是用同一种颜色，不同的主干和分支，颜色最好不要太接近，方便彼此区分。有些文字内容可以帮助我们选颜色，比如"规律"的"律"谐音为"绿"，所以我选择了绿色。下面这三张图片，就逐步呈现出所有分支上的内容了。

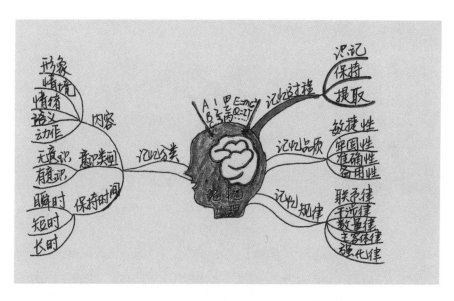

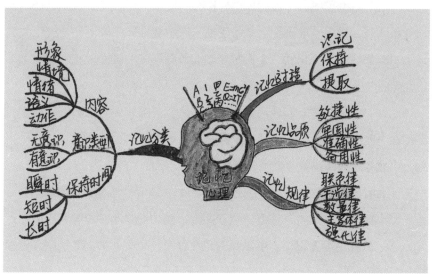

第三步，适当绘制插图，强化重点内容。对于一些比较重要的信息，或者回忆时想不起来的信息，在文字附近配上插图，这个插图就仿佛在向你招手："我很重要，我很重要，要记得我哦！"注意不要离文字太远，也不能抢了中心图的风头。

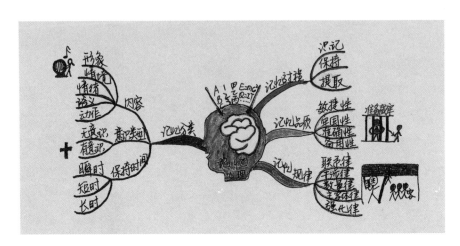

比如这张思维导图里，"情境"，我绘制了一个镜子里面有琴弦，有一个人在弹奏；"意识"，谐音为"一十"，联想到一个十字架，就画在了旁边。

我绘制的思维导图和一般的思维导图有一些不同，我会结合记忆法，比如"记忆品质"，我将"准确性""备用性""敏捷性""牢固性"挑取关键字变成了"准备截牢"，想到一个人拿着剑准备截牢房的画面，我就将它画在了"记忆品质"的右边。

再比如"记忆规律"，我用了锁链故事法。"强化律"想到墙融化了，在墙的前面，有一个主人，用电话联系数量很多的客人，他的妈妈拿着杆子来干涉他，不准客人来，我把这个画面画在了"记忆规律"的右边。

为什么要这么配图？因为当信息超过3个时，就容易遗漏，如果每一个分支都配一张小插图，图太多了重点依然不突出，图与图之间并没有紧密的联系，而结合记忆法就更容易记住。所以我的思维导图，会将各种记忆法融入进来，变成"记忆导图"。

第四步，将思维导图牢记于心。除了通过记忆法之外，还有什么技巧可以帮我们记住导图呢？

（1）你绘制的过程就是无意识记忆的过程，只要你的感官都用心参与，简单的导图你画完差不多就可以记住了。

（2）我们可以闭眼回顾，先回忆中心图说出主题，然后依次想到每个主干，再依次回忆主干下面的分支，以及每条分支下面的内容。如果想不到，就睁开眼睛再看看导图，多次重复之后，就可以把导图印在自己的脑海里。我有个学员考研时把政治知识画了很多导图，他能把每张导图都做到"心中有图"，最终顺利考取了武汉大学。

（3）不定期复习。把重要的思维导图贴在墙上，或者放在一个专门的文件夹里，隔一段时间就翻开看看，可以加深印象。

▌划重点　　　　　　　　　　　　　　　　● ● ●

思维导图作为一种专门的工具，功能非常强大，要能够自如绘制，至少需要几十张的练习，本节的分享就当是抛砖引玉。

我来总结一下本节的内容。我分享了思维导图的起源，以及辅助记忆的五个因素：分类、组块、图像、简洁和层次。

接着，我分享了思维导图的组成部分：中心图、主干、分支、文字和插图，这里面也包含一些绘制的规则。

最后，我以"搞清记忆的运作规律，让记忆效率直线上升"为例，分享了导图的绘制步骤：绘制中心图、绘制主干和分支、绘制插图、将导图牢记于心，这里的亮点是我将记忆法和思维导图结合的部分，一般的思维导图书籍里很少讲到！祝你通过思维导图，在学业和事业上大展宏图！

▌写作业　　　　　　　　　　　　　　　　● ● ●

请你将第一章第二节"训练大脑八大功能区，多维度提高你的记忆力"的内容，使用软件或者手绘的方式，画成一张思维导图。

*公众号"袁文魁"回复"ZY"，获取参考联想。

彩蛋2　芳香疗法：这些花卉和精油，闻一闻就可以激活记忆力

芳香疗法就是利用纯天然植物精油的芳香气味和植物本身所具有的治愈能力，经由嗅觉器官和皮肤的吸收，到达神经系统，促进血液循环，以帮助人的身心获得缓解，使人的身心达到平衡。我的爱人晓雪对精油很有研究，本文主要由她提供素材。在她的影响之下，我也经常琢磨哪些精油可以提升记忆力，我这两年在学习时会偶尔使用精油，我们团队也会在比赛期间给选手配备精油，可以帮助放松大脑神经，达到最佳的记忆状态。

那什么是精油呢？精油是利用植物的花、叶、茎、根或果实，通过各种方式法提炼出来的挥发性芳香物质。"浓缩的就是精华"，精油由一些很小的分子所组成，这些高挥发性的物质，可由鼻腔粘膜组织迅速地进入身体，将信息直接送到脑部，通过大脑的边缘系统，调节情绪和身体的生理功能。

精油的作用有很多，包括净化空气，减轻压力，预防传染病，对抗细菌、病毒，防止发炎，开胃，发汗等，不同的精油会有不同的作用，而能够增强记忆力的精油，主要是能够产生乙酰胆碱，它对大脑的学习和意识至关重要，有助于我们保持注意力、清晰思考并记忆知识。同时，精油的分子会对大脑中枢神经产生积极的影响，具有振奋精神的功效，帮助我们提升记忆的效率。

那么，哪些精油可以提升记忆力呢？包括迷迭香精油、罗勒精油、百里香精油、佛手柑精油、丝柏精油、鼠尾草精油、柠檬精油、薄荷精油。这些精油的味道大多比较清新、刺激，可以振奋精神。

我简单介绍其中的几种精油：

（1）**迷迭香**。它本身就以增强记忆的草药而闻名，是良好的大脑刺激剂，可以使头脑清醒、精神集中，消除大脑中的混乱和怀疑，甚至可以治疗神经衰弱，对于头晕、头痛和偏头痛都有疗效。

诺桑比亚大学做过一个研究，3组志愿者分别处于充满迷迭香气味、薰衣草

气味和无特殊气味的房间进行记忆力测试。

结果显示，迷迭香气味不仅能够提升人们的远期记忆力和总结概括的能力，还有助于人们记住曾经发生的事情，以及未来某一时刻将要做的事情，即增强回溯性记忆和前瞻性记忆能力。

（2）鼠尾草。它有着数百年增强记忆的声誉，人体研究证明，鼠尾草可以增强健康年轻人和老年人的记忆力和警觉性。它可以改善老年人的注意力并对抗认知障碍，改善老年痴呆症的行为测量。一项试验显示，在完成单词列表记忆时，鼠尾草可提升50%以上的回忆能力。

（3）丝柏。它是一种温和的情绪静定剂，对于治疗忧伤的心灵也有帮助，它也能激励疲倦的心智，很适合与其他精油调配，成为有益于精神集中、促进记忆力的美妙复方。

（4）薄荷。薄荷是帮助头脑清醒的精油中相当重要的一员，可以刺激头脑思考，消除脑中杂念，让人思绪清晰，增强记忆能力，并有利于进行任何脑力活动。薄荷的刺激性很强，晚上最好不要使用。另外，薄荷的激励作用具有累积性，不要长期使用，以免干扰正常的睡眠。

（5）百里香。百里香被称为"解忧公主"，它可以振奋和增强身体与心智的功能，也可以刺激大脑，增强记忆力，是良好的精神振奋剂，适合疲倦、昏昏欲睡、忧郁的人使用，可以振奋精神。

以上介绍的提升记忆力的精油，大家可以挑选自己喜欢的。那怎么使用精油呢？**主要有三种方式：薰香嗅吸、外用涂抹、内用口服。**

（1）熏香嗅吸。可购买一台香薰机，加入八分满的清水，在里面滴入几滴精油，伴随精油的香气学习、工作或入睡。同时也要注意打开门窗，促进空气的流通。如果上班或出差不太方便，可以将1~2滴精油滴在面巾纸或者手帕上，经常吸闻。

（2）外用涂抹。可以随身携带一小瓶精油，涂抹于手腕、耳后、脖子、太阳穴等部位，让精油的芳香为自己营造一个能量场。不同的人皮肤肤质不一样，使用前最好先做皮肤测试，先调浓度3%的精油，使用在腋下或胸口，至少24小时没有出现过敏现象，才可使用精油。

（3）内用口服。 因为精油是纯植物提取，所以部分精油是可以食用的，但要在专业芳疗师指导下服用，并且要稀释后口服，如果有些精油质量无法保证，建议不要口服。

除了专门提升记忆力的精油外，有些人记忆不好，可能是因为工作压力太大，处于焦虑紧张状态，晚上睡眠质量差，也可以用一些精油来让自己放松心情，减轻压力，这样记忆力也会自然恢复。这里为大家分享一些精油配方。

（1）2滴鼠尾草精油+2滴迷迭香精油，滴入香薰灯内，夜晚香薰。

（2）罗勒精油1滴+丝柏精油2滴+迷迭香精油2滴，可以香薰，也可以按摩。

（3）雪松精油2滴+迷迭香精油2滴+薄荷精油2滴，按摩头部。

最后提醒一下，精油并非适合所有人，癫痫患者、婴儿、怀孕妇女、气喘者、肾功能不佳者要慎用，可以先咨询医生或者专业人士。

相对来说，精油携带方便，随时可用，不受时间和地点的影响，但价格偏贵。我们也可以用闻花香来代替，当然花卉的局限在于，有些花卉只在特定的时间开花，而且花期并不长。

科学家研究发现，一些花的香味可提升记忆力。德国吕贝克大学与汉堡—埃彭多夫大学医药中心的神经学家，在《科学》杂志上发表的研究报告显示，闻着玫瑰花香入睡，有助于增强记忆力。

研究人员招募了74名志愿者，让他们玩一个电脑记忆游戏，记住两张相同卡片在屏幕上的各自位置，然后再让他们戴上面具，吸入一股玫瑰花香。半小时后，研究人员将志愿者送入房间睡觉，并不断向房间中散播玫瑰香气，同时观察他们睡眠时的大脑活动状况。志愿者醒来后，回忆之前记忆的卡片位置，准确率达到97％。然而，第二次在没有花香相伴入睡的情况下，他们记忆的准确率只有86％。

研究还显示，如果在深度睡眠期间持续吸入香气，记忆力还能得到明显提高，这是因为深度睡眠时，玫瑰香气能刺激大脑皮层活动，增强它向海马状突起发出信号的能力，从而强化人的记忆力。

除了玫瑰以外，哪些花香可以激发大脑的潜能，提升专注力、记忆力和创造力呢？

（1）**桂花**。每年到了丹桂飘香的季节，我在学习或工作疲惫时，就会在小区里散步，闻一闻桂花的香味，香中带一点甜味，沁人心脾，疲惫全消，心情舒畅，真是振奋精神的良药。而且桂花香对头痛、疲劳、生理痛等都有一定的缓解作用。

（2）**梅花**。"忽然一夜清香发，散作乾坤万里春。"古人写梅花香的诗句特别多，我在创作这篇内容时正是腊梅花开之时，散步在小区里，清新淡雅的梅花香，让我头脑清醒、思维明晰，可以让我更好地激活灵感，高效完成创作。

（3）**菊花**。武汉每年都会有菊花展，我和家人去看过好几次，沐浴在菊花丛中，低头感受那股清淡的芬芳。菊花的香气会使人头脑清晰，可以促进儿童智力发育，让大脑反应更加灵敏，还可以清热祛风，作为治疗头痛的辅助手段。

（4）**茉莉花**。茉莉花味道不浓重，有一种清新素雅的感觉，可以让人心情舒畅，提神醒脑，郁闷的心情也可以得到缓解，放置在办公室里还可以提高工作效率。另外，还可以改善失眠和焦虑，伴着茉莉花香入睡非常舒服。

除了花卉以外，一些观叶植物，比如芦荟、绿萝、仙人掌、虎尾兰、吊兰等，散发出来的自然清新味道，也能使紧张的神经松弛，有助于大脑达到更好的状态。我推荐三种植物：

（1）**文竹**。文竹摆在书房里非常优雅别致，它能吸收大量的二氧化硫，二氧化硫过多会让大脑迟钝，降低大脑智力与记忆力，因此文竹可以活跃人的大脑思维，还可以帮助我们更好地记忆。

（2）**石竹**。石竹开的花朵比较小，颜色也不会很杂，能为书房增添一抹清新的色彩。同时，石竹对人的思维能力也有一定的促进作用，能够很好地帮助你在阅读书籍时深入思考。

（3）**常青藤**。它一年四季总是绿色的，对人的视觉冲击比较大，会让人心情舒畅愉悦，从而让我们更容易进入状态。

以上这些花卉和绿植，都可以带给我们能量，让我们的眼睛和鼻子得到滋养，振奋我们的精神，也让我们的记忆效果提升。另外，建议大家在工作和学习之余，经常去逛逛植物园或花园，或者去大山的森林里踏青，这些都是在为我们的大脑赋能！

划重点

我来总结一下本部分的内容。我主要介绍了芳香疗法来辅助提升记忆力。我介绍了几个提升记忆力的精油：迷迭香、鼠尾草、丝柏、薄荷、百里香，以及精油的三种使用方式：薰香嗅吸、外用涂抹、内用口服。

我还介绍了一些提神醒脑的花卉，有玫瑰、桂花、梅花、菊花、茉莉花等，以及让大脑放松的绿植：文竹、石竹、常青藤，愿这些美妙的香味让你的大脑充满活力，让你的生活变得更加美好！

第三章
记忆方法的运用

第一节 掌握组块记忆法：1小时快速记忆60个单词

本节我们将进入英语单词记忆方法的学习。很多人提到背单词，禁不住感叹："背单词难，难于上青天！"还有人自嘲："洛阳亲友如相问，就说我在背单词！"单词，你背或不背，它都在那里，等着虐你。

我读大学时特别头疼背单词，英语课听写单词就是噩梦，考六级时我干脆裸考，甚至想着以后就做一份不需要英语的工作。然而接触记忆法后，我却爱上了单词，并且1个小时就可以记住60个以上单词，我的秘诀之一，就是今天要讲到的组块故事法！

我们先来回忆一下，我们小时候是怎么记汉字的。比如鲸鱼的"鲸"，我们发现偏旁部首是"鱼"，另外一半是我们认识的"京"，这样就记住了。比如"赢"，我们将其拆分成熟悉的汉字"亡口月贝凡"；再比如，沆瀣一气的"瀣"，我们可以拆成"氵"，餐馆的"餐"上面的部分，还有韭菜的"韭"，联想到一起，我们可以想象在水边吃午餐，吃的是韭菜，就可以记住了。汉字可以这么记，英语单词当然也一定可以的！

组块故事法，就是将英语单词拆分成我们熟悉的部分，再将它们按顺序与单词的意思编成故事来记忆。比如redcap是"车站的搬运工"的意思，我们会发现里面有熟悉的组块是red（红色）和cap（帽子），编成故事就是小红帽在车站里面当搬运工。

组块故事法的第一步，就是观察找到熟悉的组块，单词量越大的人，找到组块的可能性就越大。根据我的经验，组块一般有以下几种类型：

一、词根词缀

词根词缀就好比汉语里的偏旁部首。英语单词的构词法，核心部分在于词根，一般来说，词根决定单词意思，前缀改变单词意思，后缀决定单词词性。大家熟悉的前缀，比如dis表示"不"，bi表示"双"，com表示"共同的"，inter表示"在……之间"，熟悉的后缀，er表示"……的人、……者"，ist表示人称名词，ment表示动作、行为或者具体事物。知道的词根和词缀越多，记单词就会越容易。

有些单词，我们知道了词根词缀，直接就可以理解记住，比如senior这个单词，sen这个词根是"老"的意思，ior是后缀"……的"，所以senior的意思是"年长的"。少量的单词找到前后缀和词根后，还需要适当编故事来联想，我来举例说明：

1.interaction干扰

拆分组块：inter（前缀：相互）、act（词根：行动）、ion（后缀：表示状态、行动）

故事联想：我找了伙伴们相互一起行动来记单词，这种状态非常好，让我避免受到懒惰的干扰。

2.excavator挖掘机、挖掘者

拆分组块：ex（前缀：从……弄出）、cav（词根：cave洞）、ator（后缀：表示人或者物）

故事联想：挖掘者开着挖掘机，从大山里面弄出了一个洞。

二、 熟悉的单词

有些单词就是由熟悉的单词组成的，叫作合成词，一般比较容易就可以推理出它的意思。比如bookmark（书签），由book（书）和mark（标签）组成，housewife（家庭主妇）由house（家庭）和wife（妻子）组成，这类单词不需要编故事。当然，不是合成词的单词，我们也可以从里面去发现熟悉的单词，我举两个例子：

1.tenant房客

拆分组块：ten十个，ant蚂蚁

故事联想：十个蚂蚁爬到了房客睡的床上。

2.legislate立法

拆分组块：leg腿，is是，late迟到的

故事联想：这个立法委员的腿是受伤的，所以他也是经常迟到的。

三、 熟悉的拼音

有些单词，它的拼写中还会出现熟悉的汉语拼音，如果你能借助它们来以熟记新，效果也是很好的！比如大家熟悉的单词dance（舞蹈），你会发现拼音"dan ce"单侧，想象一个舞蹈者只用单侧身体跳舞。再比如英语单词balance（天平），可以想到拼音"ba lan ce"爸拦厕，那我们可以联想一个故事：爸爸拦住厕所里的清洁工，找他借天平来称重。

四、 定义的编码

完全由熟悉的单词或拼音组成的单词，相对来说还不算太多，有些单词，我们发现熟悉的部分之后，可能还会有一个、两个或三个字母落单，比如sill（门槛）这个单词，发现了ill是"生病"的意思，多出来一个s，怎么办呢？可以将s联想一下，看看能想到什么？比如蛇、明星大S小S、丝等，如果想到蛇，可以编一个故事：蛇生病了，躺在了门槛上。

针对这种情况，我们可以把26个字母，通过一定的方式编成形象化的编码，方式主要有以下三种：

一是联想相关的单词，比如A的编码是apple苹果；二是通过拼音，B的编码由拼音bi想到"笔"；三是通过形状，看看像什么，J的编码是钩子，X的编码是剪刀。

我在文后提供了一份我的字母编码表，供你参考。

另外，有些常出现的字母组合，包括意思比较抽象的前后缀，我们也可以进行编码，以后遇见就可以直接来使用。比如br，就可以固定联想到brain大脑。关于字母组合编码，我也提供少量的编码供大家参考，更多的编码可以在记单词过程中去总结。

如果想要自己来编码，可参考以下方式：

（1）**利用谐音**。比如vene想到威尼熊、ment想到门童、dent想到灯塔，后缀tion和sion意思比较接近，比较容易混淆，我的编码分别是神仙的"神"和大婶的"婶"。

（2）**联想到相关的单词或缩写**。com想到了computer电脑，gl想到了glass玻璃，ph想到phone电话。UN是联合国的缩写。

（3）**利用汉语拼音**。有些是拼音的全拼或者其中的一部分，比如en的拼音是"恩"，想到周恩来总理，sh联想到shu，编码为"书"。另外，还可以是由两个拼音的首字母组成，比如"pr"可以拼为"pu ren"仆人，"em"可以拼为"e mao"鹅毛。

（4）**形象化**。直接看它像什么，比如"oo"像"眼镜"，"ee"像"眼睛"，这一类相对比较少一些。

记忆魔法师字母编码表

字母	编码	字母	编码
Aa	Apple 苹果	Nn	门（形状）
Bb	笔（拼音）	Oo	鸡蛋（形状）
Cc	月亮（形状）	Pp	皮鞋（拼音）
Dd	弟弟（拼音）	Qq	气球（形状）
Ee	鹅（拼音）	Rr	小草（形状）
Ff	斧头（拼音）	Ss	蛇（形状）
Gg	鸽子（拼音）	Tt	伞（形状）
Hh	椅子（形状）	Uu	水杯（形状）
Ii	蜡烛（形状）	Vv	漏斗（形状）
Jj	钩子（形状）	Ww	皇冠（形状）
Kk	机枪（形状）	Xx	剪刀（形状）
Ll	棍子（形状）	Yy	衣撑（形状）
Mm	麦当劳（形状）	Zz	闪电（形状）

记忆魔法师字母组合编码表（词首篇）

组合	编码	组合	编码
ab	阿爸（拼音）	em	鹅毛（拼音）
ap	阿婆（拼音）	fr	芙蓉（拼音）
ad	AD 钙奶（联想）	fl	俘房（拼音）
al	ali 拳王阿里（拼音）	gr	工人（拼音）
ar	矮人（拼音）	gl	glass 玻璃
au	澳大利亚	ph	phone 电话
br	brain 大脑	pro	（东）坡肉（谐音）
co	Coca cola 可口可乐	pr	仆人（拼音）
con	恐龙（谐音）	ex	exam 考试
com	computer 电脑	sh	书（拼音）
cl	clean 清理	st	stone 石头
dr	敌人（拼音）	th	thief 小偷
en	周恩来（拼音）	un	un 联合国

注：没有标注的均为单词.

记忆魔法师字母组合编码表（词中词尾篇）

组合	编码	组合	编码
cive	师傅	tory	toy 玩具
nant	榔头	tent	帐逢（单词）
ous	肉丝	ment	门童
duce	堵车	dent	灯塔
tive	铁壶	sion	婶
vene	维尼熊	tion	神

注：没有标注的均为谐音.

编码完毕之后，我们可以先熟记，再在背单词时使用它们。我们来看几个案例：

1.clause 分句

拆分组块：编码cl清理，编码au澳大利亚，拼音se颜色

故事联想：我在清理澳大利亚的悉尼歌剧院，墙上有各种颜色的分开的句子。

2.document 文件

拆分组块：单词do做，拼音cu醋，编码ment门童

故事联想：一个做醋的门童将独家秘方写进了文件里。

3.junction 会合点

拆分组块：拼音jun军人，编码c月亮，编码tion神

故事联想：军人和神的会合点，定在了月亮上面。

以上我列出了常见的四类组块，我们需要综合使用它们来记忆单词，我总结一下**组块故事法**的步骤如下：

第一步：观察单词，拆分组块。组块越少，记忆越快，可按照词根词缀、单词、拼音、字母组合编码、字母编码这样的优先顺序来进行拆分。如果能够通过词根词缀或合成词理解记住的，就不需要再进行后面的步骤了。

第二步：故事联想。将拆分的组块和单词的意思共同编成一个故事。故事要求简洁、形象，在脑海中要浮现出画面，并且要尽量按照组块的顺序来编，注意故事的前后逻辑要合理。

第三步：复习并回忆。把故事写下来以备复习时使用，同时请尝试回忆故事并拼写出来单词，还要说出单词的意思。当我们多次复习之后，单词可以脱口而出的时候，这个故事就可以"过河拆桥"了。

我们一起来看看下面综合运用的6个案例：

1.congress 大会；会议；国会

拆分组块：con前缀"共同"，gress词根"前进"，开大会讨论如何共同

前进

如果不熟悉这个词根词缀，也可以拆分成拼音cong丛，拼音re热，ss可以编码想成两条蛇。

故事联想：草丛里特别热，两条蛇在专心地开着大会。

2.confuse 使困惑

拆分组块：编码con恐龙，拼音fuse肤色

故事联想：恐龙的肤色变成了彩虹色，让观众很是困惑！

3.treason 谋反；叛国罪

拆分组块：trea联想到单词treat对待，单词son儿子

故事联想：皇帝对待儿子非常凶，儿子最终谋反了。

4.triangle 三角形

拆分组块：编码tr树，编码i蜡烛，单词angle角度

故事联想：树上有三根蜡烛，找好角度拼起来是个三角形。

5.promote 晋升

拆分组块：编码pro东坡肉，拼音mote模特

故事联想：吃了东坡肉的模特干劲十足，被领导晋升了。

6.stagnant 停滞的

拆分组块：编码st石头，拼音ag阿哥，编码nant椰头

故事联想：敲打石头的阿哥放下了椰头，这个工作暂时处于停滞的状态。

划重点

我来总结一下本节的内容。我分享了组块故事法记单词，组块一般可分为：词根词缀；熟悉的单词；熟悉的拼音；定义的编码。

我们记忆的步骤，一是观察单词，拆分组块；二是进行故事联想；三是写下故事并且复习牢记单词。刚开始练习这种方式，可能速度会慢一点，多加训练就会熟能生巧，速度也会越来越快，不要说1小时记住60个单词，记住100个也不在话卜。

本章作业

请用组块故事法记住下面6个单词。

1. cucumber 黄瓜

拆分组块：拼音cu醋，cu醋，编码mb毛笔，编码er耳朵

故事联想：_____

2. butterfly 蝴蝶

拆分组块：单词butter黄油，单词fly飞翔

故事联想：_____

3. apprehension 焦虑，担忧

拆分组块：单词app手机应用软件，拼音re热，拼音hen很，编码sion婶

故事联想：_____

4. sponge 海绵

拆分组块：拼音sp水瓶，单词on在……之上，拼音ge哥

故事联想：_____

5. wrestle 摔跤

拆分组块：_____

故事联想：_____

6. brochure 小册子

拆分组块：_____

故事联想：_____

*公众号"袁文魁"回复"ZY"，获取参考联想。

第二节 三种方法串记单词：缩短一半记忆时间

上一节，我们学习了用组块故事法来记单词，将单词拆分成词根词缀、熟悉的单词或拼音、字母或字母组合编码等组块，再通过编故事的方式进行联想记忆。这样记单词，还是一个一个单词在攻关，有人问："有没有一种方法，

可以一次记住好多个单词，将单词一网打尽呢？"有，今天我将分享"形似比较法"，在它的基础上，我们可以通过故事串烧法、歌诀串烧法和思维导图法三种方法，来达到一记记一串单词的目标。

　　什么是"形似比较法"？我们记忆汉字时，会遇到"耍"和"要"、"蓝"和"篮"、"辩"和"辨"等形似词，它们都长得像双胞胎一样，在记忆时，我们会用熟悉的来记住陌生的，比如输赢的"赢"我记住了，你就可以记住秦始皇嬴正的"嬴"，下面中间的部分是"女"，还有羸弱的"羸"，下面不一样的部分是"羊"。

　　其实记英语单词，也会有很多拼写相似的单词，比如stop（停止）和shop（商店），不一样的是第二个字母，一个是t，一个是h；又比如，affect（影响）和effect（结果、效力），第一个字母分别是a和e。这时候，我们也可以借助我们已经认识的单词，来辅助记忆新的单词，很多时候，只要发现了不同之处，就很容易记住。对于不容易记住的，我们也可以适当地联想编故事来加强记忆。

　　下面，我从增加字母、减少字母、替换字母、颠倒字母顺序这四种情况出发，分别来举一些案例：

1.原词增加字母

1）plank（木板）

找形似词：plan（计划）+k（机关枪）

故事联想：我计划好周末拿着机关枪去射击木板。

2）comet（彗星）

找形似词：come（来）+t（伞）

故事联想：快来看，有伞一样形状的彗星从天上飞过。

2.原词减少字母

1）desert（沙漠）

找形似词：dessert（甜食）-s（蛇）

故事联想：在沙漠里面，我拿着很多的甜食来喂蛇吃。

2）solder（焊料）

找形似词：soldier（士兵）-i（蜡烛）

故事联想：士兵点着蜡烛把焊料塞进了焊接口，直到把蜡烛烧完才弄好。

3.替换字母

1）resent（愤愤不平）

找形似词：recent（最近），c换成了s（蛇）

故事联想：山上的蛇最近老被村民抓，变得愤愤不平起来。

2）medal（勋章）

找形似词：metal（金属），t换成了d（弟弟）

故事联想：弟弟用金属做了很多枚勋章。

3）match（比赛）

找形似词：March（三月），r变成了t（伞）

故事联想：三月梅雨季节，我打着伞参加完马拉松比赛。

4.颠倒字母顺序

有一类是把单词的所有字母倒过来，变成一个新的单词，比如：

way（道路）颠倒过来就是yaw（偏航），想象在道路上倒立着行走，结果就会偏离航线。

mid（中间的）颠倒过来是dim（暗淡的，模糊的），想象照片的中间没有对焦好，拍出来的照片就是非常暗淡模糊的黑影。

deer（鹿）颠倒过来是reed（芦苇），想象最后一根芦苇压到了鹿的身上，把鹿给压倒了。

这一类单词虽然数量较少，但曾经有人还专门编过一本书来总结，不过一般人很难发现，原来单词还可以这样倒过来去记。另外，还有一类是单词里有两个字母互换了顺序，比如：

1）dairy（乳品店）

找形似词：diary（日记），ia颠倒顺序为ai（爱）

故事联想：鸭子写日记的时候爱去乳品店，边喝边写。

2）angle（角度）

找形似词：angel（天使），el颠倒顺序为le（乐）

故事联想：天使非常欢乐，摄影师从不同的角度给她拍照。

学完了增加字母、减少字母、替换字母、颠倒字母这四种形似比较法之后，我们还只是在"双胞胎"阶段，我们要看一看，能否把"四胞胎""五胞胎"甚至"十胞胎"，放在一起来快速比较记忆呢？我常用三种方式：

1. 故事串烧法

故事串烧，是将形似的单词编成故事，在一个情境中一起来进行记忆。编故事时，一种是只把单词的意思编成故事，比如ring结尾的单词有：

bring 带来

boring无聊

during在……期间

spring春天

string线、细绳

我们可以这样编一个故事：他给我bring（带来）来一个ring（指环），在spring（春天）我boring（无聊）的时候，我把一个string（细绳）系在了指环上。

另一种是，把单词不一样的部分编码，也按照顺序编进故事里面。比如spect结尾的四个单词：

aspect方面

respect尊敬

inspect视察

suspect怀疑

首先将不一样的部分编码，aspect（方面）多一个a，是"一个"意思，respect（尊敬）前面是re，想到拼音"热"，inspect（视察）前面是in，"在……里面"，suspect（怀疑）前面是su，由拼音想到了"酥饼"。

接下来编成故事：一（a）碗方便面（方面aspect），热（re）腾腾的，将它献给尊敬（respect）的领导，领导在办公室里面（in）视察（inspect），他看到有人在吃酥饼（su），而他只有方便面吃，他对我的办事能力表示怀疑（suspect）。

刚才是字母替换的例子，再举一个增加字母的例子：

ape类人猿

rape抢劫

crape黑纱

scrape刮

这几个单词都在前一个字母的基础上增加了一个字母，这些字母我分别转化成形象r（小草）、c（月亮）、s（丝巾）。我编的故事是这样的：类人猿（ape）拿着小草（r），去抢劫在月亮（c）下戴着黑纱的女人，刮破了她身上的丝巾（s）。

通过这样的故事情境，我们可以迅速回忆起每个单词，当能够把这些单词快速地认出来的时候，故事也就可以"下岗"了。

2. 歌诀串烧法

我们在学习汉字时，有用歌诀来记忆形似的汉字，比如"金属铂金身上挂，巾帼英雄带手帕，大米受到了糟粕，王者归来是琥珀"，此处串记了铂、帕、粕和珀四个字。我们把这四个汉字，以及字里面不一样的部分："金""巾""米""王"，都一起编到了这个歌诀里面。

那我来举一个英语的案例，比如：

mine地雷

pine松鼠

tine尖头

vine葡萄藤

swine公猪

sine正弦

编歌诀时首先观察不一样的部分，有的时候可以适当结合后面的字母。mine（我的）里面mi想到"米"，pine（松鼠）里面pi想到"皮"，tine（尖头）里面ti想到"踢"，vine（葡萄藤）里面v想到"漏斗"，公猪里的sw由拼音想到"死亡"，最后正弦里的si想到了"丝"。

我编了如下的歌诀：

米（mi）里埋地雷，

炸破松鼠皮（pi），

鼠踢（ti）到尖头，

葡藤进漏斗（v），

压公猪死亡（sw），

正弦丝（si）缠满。

你可以尝试一下，把这个歌诀念两遍，并且在脑海中回忆相关的画面，就可以依次回想起来。

当然，有些人编歌诀没有把不同的部分编进去，这样相对简单一点。比如有本书叫《黑英语》，是因《满满的正能量》走红的邱勇老师编写的，里面的歌诀可以参考，比如：

某一天dawn（黎明），

在河边lawn（草坪），

来几只prawn（对虾），

在那里spawn（产卵），

打了个yawn（呵欠），

被人抓去pawn（典当出去）。

你通过多次朗读的方式，就可以把它们记下来。

3. 思维导图法

现在用思维导图法来归纳整理单词的书越来越多，一般来说，三种形式比较常见。

第一种，是将单词进行归类，根据不同的场景或者主题。比如购物，我想到了超市、珠宝店、药店、花店四个场景，每个场景里都可以呈现出相关的单词，这张思维导图仅列出部分单词，供大家参考。

第二种形式，是列出某个单词的同义词、反义词和相关的词组，这个可以参考蒋志榆老师的《史上最强的单词记忆法》。

第三种形式，可以通过前后缀组成派生词，或者通过增加字母、单词或替换字母变成形近词，将它们都呈现在思维导图里面。

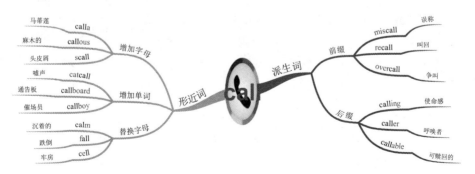

上面这张思维导图，是世界记忆大师童勋璧老师绘制的，以call这个单词为中心，由前缀派生出 miscall（误称）、recall（叫回）、overcall（争

叫），后缀派生出calling（使命感）、caller（呼唤者）、callable（可赎回的）。

增加字母变成形近词calla（马蒂莲）、callou（麻木的）、scall（头皮屑），增加单词变成合成词有catcall（嘘声）、callboard（通告板）、callboy（催场员）等。替换字母变成了calm（沉着的）、fall（跌倒）、cell（牢房）。

通过思维导图呈现之后，导图的分类、组块、简单、层次、图像等记忆原理会辅助我们进行记忆，对于部分难记的单词，也可以用形似比较法进行联想记忆。

使用串记单词的方法，最难的是整理单词，我们可以去参考一些书籍，比如按照词根词缀整理的，有杨智民老师的《思维导图单词记忆法》或者耿小辉老师的《瞬间记单词》。学了本节的内容，你有了将单词放在一起串记的意识，相信你以后也会借鉴别人的书籍，尝试自己整理单词，一记就记一串，这对于短期内想积累大量的单词很有帮助。

划重点

我来总结一下本节的分享。我首先分享了形似比较法，从增加字母、减少字母、替换字母、颠倒字母顺序这四种情况出发，分别进行了举例讲解。

接着，我分别示范了故事串烧法、歌诀串烧法、思维导图法三种方法，来进行单词串记。其中思维导图法，有按照场景或主题、同义词和反义词、派生词和形近词等三种不同的呈现方式，通过整理，让单词合家欢聚，一网打尽。

写作业

1.请使用今天讲到的串记方法，使用故事或歌诀来串记。

1）twins 双胞胎

　　pin 大头针

　　sin 罪恶

　　　　tin 罐头

　　　　bin垃圾箱

　2）elusion逃避

　　　　delusion错觉

　　　　illusion幻觉

　　　　allusion暗示

2.请尝试记住call这张思维导图上的所有单词。

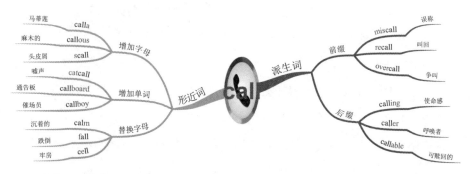

*公众号"袁文魁"回复"ZY"，获取参考联想。

第三节　提升阅读效率，1分钟速读3000字

　　本节，我将为大家分享快速阅读的技巧，在创作这节内容的前一天，我才见证到真正的"速读记忆大师"。他是70岁的方叔叔，我的爱人和他认识有很多年了，一直敬佩于他的学识渊博，各种知识他都信手拈来。我和他聊天才得知，有几十年时间，他都雷打不动每天速读24万字的内容，而一篇2万多字的文章，他看完一遍就可以完整背出来，这是"世界记忆大师"也做不到的。

　　而这些，得益于7岁起父亲对他的训练。父亲让他读《参考消息》《人民日报》时，都会催着他："看快点，看快点！"一份8版的报纸，10多分钟看完，父亲还要不断地提问，这样的练习，让他阅读的速度惊人，而且拥有照相

机般的记忆力！

很多人对于"快速阅读"，都会有这样的误解：读得太快就什么都记不住，读书一定要慢慢地读。方叔叔的案例足以证明这是错误的。我们自己可以做一个实验，请你随便找一页书，再准备一张白纸，在左上角挖一个只能看到一个字的洞，你在阅读时，请你依次往后移动这个洞，每次只能看一个字，当你看完这一页书时，尝试回忆一下里面讲了什么。另外，你再准备一页书，给自己10秒钟时间，快速整体地扫描里面的内容，然后尝试回忆内容。

结果会是什么呢？你在10秒内看过的，可能会记得更多。为什么呢？就拿你看"文魁大脑俱乐部"这七个字为例，你一个字一个字地看，只有等七个字都出来了，你才理解了它要说什么，如果你一秒钟就能整体看清这七个字，你瞬间就理解了它要说什么。如果一页书有300个字，很可能，你还没有等后面的内容出来，前面的内容就已经忘掉了，你把仅剩的信息拼凑出来，可能就是不准确的记忆，就像一张拼得七零八碎的拼图。

世界大脑先生东尼·博赞说："我们能够'砰'地一下，看见一座山的景色，能在一秒钟内把它整个摄入。因此，普通书本中一页内容就更简单了。只是我们没有学过将这些同样的技巧应用于阅读。"

所以，我们想要读书记得多、记得牢，阅读速度你必须得练，1分钟3000个汉字只是最基础的目标，大部分人目前的阅读速度一般只有1分钟300~500个字！一般读者为什么读得慢，我总结发现有"七宗罪"，对应的，我也会提供解决方案，让它们变成"阅读提速器"：

第一宗罪：自我设限

大部分人听到"快速阅读"，都会断言："这肯定是骗人的把戏""这些人肯定是天才，我是做不到的""读这么快肯定记不住"。正是各种限制性信念，决定了我们不可能成为速读高手，高手都是那些愿意相信的"傻子"，坚持平凡的训练，最终创造了非凡的成绩。

要真正地相信，需要找到让你相信的成功案例，我所见的方叔叔便是如此。另外，据吉尼斯世界纪录记载，纽约的中学教师赫怀特·柏葛，平时1分钟阅读25000字，他当众花了25分钟读完1200页的新书《戴安娜传》，并滔滔不绝详述书中的内容。他认为：重要的是应深信人脑的潜能是无限的，什么信息都可以放进去。

第二宗罪：注意力不集中

很多人在阅读时，人在曹营心在汉，读着读着，就像孙悟空的魂一样飞到九霄云外了，一本书不知道何时才能读完。当我们注意力集中时，大脑进入高速运转状态，更容易从整体上理解知识，快速提取要点，使记忆更牢固。

快速阅读的高手，不仅能将注意力高度集中在阅读对象上，还能迅速将注意力从一个重点转移到另一个重点。阅读的专注力可以通过三种小技巧来训练：

1.舒尔特表训练

舒尔特表可以用来拓展眼睛的视野幅度，加快眼睛的反应速度，提高对书本中有用信息的定向搜索能力。训练方法如下：眼睛距表30～35厘米，视点自然放在表的中心，余光顾及全表。在所有数字全部清晰看到的前提下，按从1至25的顺序找全所有数字。

25	21	11	22	10
17	7	6	24	19
12	14	5	13	20
4	9	2	23	3
15	8	18	16	1

一般来说，如果能够在25秒内看完就比较优秀，在15秒内看完就特别优秀。大家可以找到相关App来训练，每天可以训练10个表。

2.关键词搜索训练

挑一本书，指定一个出现较多的关键词，比如在我的书《打造最强大脑》里找"大脑"这个词，找到一个就画一条线，看看在规定的1分钟之内，能够找到多少。

3.调整阅读的状态

大脑处于α波状态时，大脑清醒而且放松，注意力集中，记忆力提高。那如何让大脑处于这种状态呢？一是听巴洛克音乐，比如莫扎特的《A大调第29

号交响曲》《D大调第七号小提琴协奏曲》，贝多芬的《D大调小提琴协奏曲》《降E大调第五号钢琴协奏曲》；二是练习正念冥想，让自己进入静心专注的状态。

第三宗罪：有声阅读

有声阅读不仅包括我们大声朗读，还包括嘴唇跟着动，舌头、喉咙、声带在动，另外我们的心读也算，虽然嘴巴没有发声，但心里面也是一个字一个字在默念。

这种阅读，信息经历了"眼睛——嘴巴——耳朵——大脑"这段迂回的阅读路线，速度自然会慢，只有做到"眼脑直映"，也就是看到的直接呈现在大脑里，才是阅读的高级技巧。

在此分享三种简单的消除声读的方法：一是在阅读时嘴唇含一支笔，或者将手指紧贴唇和喉咙；二是以声消声，在脑海中默念一段话："与发声无关"，或者哼着一段旋律，这样就没法去发声阅读了；三是加快阅读的速度，一次看到更多的内容，自然就没有办法发出声音了。

第四宗罪：逐字阅读

小学低年级学生因为识字少，理解水平有限，所以会逐字阅读，这是一种点式阅读，会妨碍、减慢对全句或全段的理解，就好像只见树木不见森林。

很多读者直到中学、大学甚至工作之后还有逐字阅读的习惯，这是因为眼睛的视幅没有打开，我们眼睛是可以一次性看到更多汉字的，甚至可以将整行文字看到脑海里。要达到这个效果，我们可以做整体感知训练，由一个一个字的点式阅读，过渡到一行一行的线式阅读，再由线式阅读逐渐过渡到二行、三行以至半页、整页的面式阅读。

我推荐大家使用"飞克视读"电脑软件，进行"整体感知训练""扩大视野训练""视读节奏训练""流畅度训练"等基本功训练。（在公众号"袁文魁"回复"飞克视读"，领取官方软件安装包下载及安装教程。）

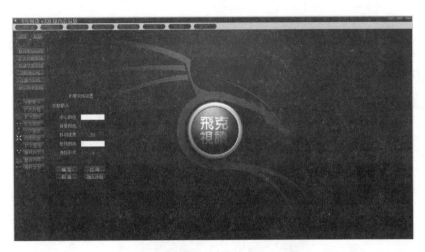

如果拿书籍来做实战训练，可以做"意群式阅读训练"，将书籍的内容，根据意义单位来划分意群，比如下图，"答题的时候""尽可能写得简洁""充分考虑""阅卷老师的感受"各作为一个意群，刚开始意群可以字数在3至7个之间。在阅读时，手指从一个意群的中间，跳跃到下一个意群的中间，引导眼睛每次将整个意群都直接摄入大脑里。

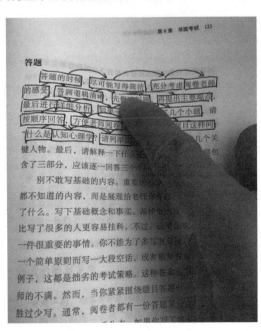

熟练训练之后，可以做"分栏阅读训练"。把一页书等分为三份，中间划两条竖线，阅读时，从每一份的中间直接跳跃到下一份的中间，一次阅读时尽量将那一份里的所有内容都看进脑中。

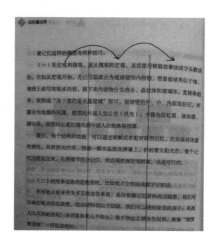

随着我们逐步的训练，以后你可以直接把手指放在每页书的中间，从上往下用手指引导阅读，一次将一行内容看进脑海中。当然这个是循序渐进的结果，不要操之过急。

第五宗罪：纠缠生字和疑难

有些读者读书一遇到生字，马上就去百度搜索，这样会打乱阅读的节奏和思路，当你查完生字时，可能前面讲的内容也遗忘了一些，而且你的阅读状态也被打破了，这样会妨碍你完整地理解和消化所读的信息。遇到这种情况，我们可以先根据上下文推测其意思，等阅读完毕再查字典来验证。

第六宗罪：回视返读

在阅读时，有时因意思不明白，或者没看清楚，感觉前面好像没有记住，然后又回头去读，这样多次以后就会打乱阅读的节奏。回视的主要原因是注意力不集中、阅读经验少，也与书籍的难度有关，读者怀疑自己的理解能力，不断纠结在已经看过的内容上面。

我们要强制自己不要返读，在内心告诉自己："看过的有用的信息我都记住了，我要继续往前看。"

第七宗罪：不会根据阅读材料选择阅读方式

很多读者在学校里接受了精读教育，以为所有的阅读材料都需要认真阅读，甚至读一份报纸，也是一个字都不放过，但这是浪费时间的阅读方式。

我们在阅读时，需要快速阅读和略读、跳读、精读互相配合，需要首先关注一些重要线索，看标题、斜体字、深色字、特别的说明等，判断这本书有哪些要点，哪些值得重点看，哪些需要略过，哪些先快速阅读以后再精读，这样灵活使用各种读书方法，才能让速度快起来。

说完了这七宗罪，如果你能够对症训练，你的阅读速度自然会有所提升。最后，我再推荐一个简单的速读训练，叫作3-2-1速读法。

找一本适合你的书籍，用手机定一个3分钟的倒计时，在3分钟之内，尽可能快速地阅读，时间到了，在你停止的地方做上记号，再尝试回想刚才读过的内容。然后，再设定2分钟的时间，把刚才的内容重新读一遍，尽量能够读到做记号处，读完后回想这次新记得的内容。最后，再设定1分钟的时间，挑战读到做记号处，再继续回忆，查漏补缺。

这样的练习做过十几次后，你会发现你的阅读速度会越来越快，而你的理解记忆率也会跟着提升。赶紧读起来吧！

划重点

我来总结一下本节的分享。我先讲了影响快速阅读的七宗罪，以及解决它们的一些技巧。第一宗罪是自我设限，我们要找到成功的案例来打破设限；第二宗罪是注意力不集中，可以进行舒尔特表训练、关键词搜索训练，调整大脑状态；第三宗罪是有声阅读，可以用含铅笔、以声消声或者加快速度来克服；第四宗罪是逐字阅读，要进行整体感知训练；第五宗罪是纠缠生字和疑难，可以先根据上下文推测其意思；第六宗罪是回视返读，可以暗示自己往前阅读；第七宗罪是不会根据阅读材料选择阅读方式，我们要学习灵活使用各种阅读方法。最后，我分享了一个简单的快速阅读训练法：3-2-1阅读法，可以激活你的阅读潜能！

写作业

请找一本书，尝试练习3-2-1速读法至少两次，并记录你的训练感受。

第四节　应用多种记忆法精读书籍，迅速牢记核心内容

上一节，我们讲到了快速阅读法，对于速读和精读，经常会听到互相不买账的言论，喜欢速读的人，觉得精读者读得太慢，知识面太小，喜欢精读的人，则批评速读者太浮躁，走马观花，根本就没有记住什么。然而速读和精读并不是仇敌，而是彼此协作的兄弟，我们需要根据阅读的书籍和阅读的目的，来决定是要速读还是要精读。

从书籍的角度，我大致分为四种类型：第一种是实用类阅读，比如教你时间管理、写作、摄影等技能的书籍；第二种是专业知识阅读，比如哲学、经济学、心理学等领域的著作；第三种是文学作品阅读，诗歌和散文以精读为主，

小说和剧本则速读与精读结合；第四种是消遣性阅读，比如武侠、穿越等小说或者八卦杂志，这些就没有必要一个个字咀嚼了。我们今天讲精读的部分，主要以前面两种类型为主。

从阅读的目的来说，现代教育家夏丏尊先生曾说："阅读可以分为两种，一是略读，一是精读。略读的目的在理解，在收得内容；精读的目的在揣摩，在鉴赏。"除了"揣摩""鉴赏"，我觉得精读的目的还有：一是促进自己的深度思考，构建学科知识体系；二是为了"输入"来辅助"输出"，比如要通过讲课、写作来分享知识；三是为了学以致用，只有精读去深入理解，才能更精准地落地应用。

一般来说，通过快速阅读，我们可以轻松记住的信息有四类：一是具体形象的，比如故事、案例、图片等；二是非常重要的，比如黑体字或配图来突出的，或者你特别感兴趣的；三是非常简单的，内容比较少而且浅显，并且你相对熟悉的；四是非常特别的、与众不同的信息，会加倍吸引你的注意。

这四类都不需要刻意使用记忆法，而相对抽象陌生的概念或者理论，有非常多要点的知识，就需要使用记忆法，我来举例进行讲解。

先举一个抽象陌生的概念或理论为例。我读《正念冥想：遇见更好的自己》这本书，"正念"这个概念非常重要，很多会把它误解为"正面思考"或者与"邪念"相对的意思，我经常在课堂上带学生做正念冥想，所以我必须要把这个概念理解并记住。

请先阅读以下内容：

最早将正念引入医学治疗领域的琼·卡巴特·金（Jon Kabat-Zinn）博士有一个观点："人们可以通过某种特殊的方式培养正念的能力，那就是，在现时此刻，应尽可能地采取非反应、非判断和全心开放的方法全心投入。"

为了深入理解其含义，我将以上概念分解为以下5个方面进行理解。

（1）专注：进入正念状态时，无论你选择什么目标，都需要全情专注。

（2）现时此刻：你生存和生活于此时此地的现实，意味着你需要以回归事物本源、感知事物现时此刻存在状态的方式，去感知万物的存在。唯有如此，你的体验才是有效和真实的。

（3）非反应：通常，当你经历某事时，会不自觉地根据过去的条件环境做出自动的反应（Reaction）。比如，当你在想"我还没有完成工作"，你会以某种形式和方式做出语言、思维或行动反应。但是，正念鼓励你对你的体验做出响应（Response），而不是对你的思维做出反应。思维反应是自动做出的，并让你无从选择；但是，体验响应则是刻意做出的，并有很强的目的选择性。

（4）非判断：人们往往根据自己的喜好，对事物做出好与坏的判断。人人都想要感受欢乐，不喜欢充满恐惧。不做判断性，即不基于过去的环境和背景做出个人判断、形成过滤，这样可以让你看清事物的本源。

（5）全心开放：正念不仅仅关乎思维，更是内心深处的体验。全心开放，即是向你的体验中注入慈爱、激情、温暖和友爱。例如，如果你发现自己在想"我在正念时非常不舒服"，那么，你会释放掉这一消极情绪，并自然地重新将注意力转移到正念中来。不论你在思考什么，都可以重新专注起来。

开始，作者引入了琼·卡巴特·金博士的观点："人们可以通过某种特殊的方式培养正念的能力，那就是，在现时此刻，应尽可能地采取非反应、非判断和全心开放的方法全心投入。"

作者将概念分解为5个方面来理解："专注""现时此刻""非反应""非判断""全心开放"，最需要透彻理解的是后三个。我根据作者的讲解，边精读边尝试联想出形象画面。

"非反应"讲的是，"正念鼓励你对你的体验做出响应，而不是对你的思维做出反应。思维反应是自动做出的，并让你无从选择；但是，体验响应则是刻意做出的，并有很强的目的选择性。"我想到的画面是我的亲身经历，我有一次开车经过丁字路口，要左拐的我给直行的车让了路，直行的车一辆接一辆过去，我后面的车主下车，冲过来拦住了直行车，让我先走，还对我吼了一句："你怎么这么怂啊！"

最开始的那一刻，我就是正常的思维反应，我心里很难过很委屈，甚至想要给他怼回去。但是左拐之后的十几秒钟，我突然转了念头：我太幸运了，我赶时间，有人给我拦下别人的车，为我开道，就像我请了保镖一样的感觉，我立刻感觉很舒服，这是我刻意做出的体验选择。

"非判断"，指的是"你不基于过去的环境和背景做出个人判断、形成过滤"，我当时对拦车者有个判断："这个人真是霸道呀，你怎么就不懂得谦让呢？你这样骂我，素质真低。"但我马上觉察，转念想到，也许他也是上班要迟到了，我就立刻放下了这个判断。

"全心开放"，即"向你的体验中注入慈爱、激情、温暖和友爱"。经历那件事时，最初很影响我开车的心情，注意力就不太集中了，这很危险。所以，我在内心里对他表达感谢，感谢他为我开道，也感谢他说的"你怎么这么怂"，这句话一直在我的心头回想。我当时正好面临一件事想要退缩，他这句话给我当头棒喝，我突然觉得他就是天使，所以我真诚地感恩并祝福他，立刻我内心也感觉到温暖，回归到正念的状态。

这个知识点，这样编个无关的故事记住，应付考试的名词解释是可以的，如果我们结合生活来联想画面，则可以透彻理解并应用出来。

如果有非常多要点的知识，我们可以使用锁链故事法、定桩记忆法、思维导图法等方法。

先举一个使用锁链故事法的案例。我很喜欢一本书叫作《生命的重建》，里面讲到如何在工作、关系、健康、财富等方面转变观念，让自己的生命变得更美好。在"财富"这一部分内容中，作者分享了"活出生命富足状态的八大秘诀"：

（1）期望过上富裕生活。

（2）清理负面和杂乱的思想。

（3）爱上你的账单。

（4）为他人的成功富足感到高兴。

（5）视觉化：想象财富的大海。

（6）张开臂膀接受财富。

（7）财富如流水，流出才能流进。

（8）接受别人的赞扬。

我编了一个故事：住在集体宿舍的我，每天望着对面的楼房，期望能过上富裕的生活。有一天，我在清理垃圾桶里写着负面和杂乱思想的纸条，突然发现有一张账单，居然是室友的一张支票，我还给他后，他立刻变成了富人，我为他感到高兴。他邀请我一起去看财富的大海，大海里面全部是黄金水，我张开了臂膀接受黄金水流进我的身体，又从我的身体流出到别人身上，别人都竖起了大拇指来赞扬我。

根据这个故事，你来尝试一下回忆内容吧。

接下来，再来看看定桩记忆法。之前没有给大家讲解数字定桩法，今天举一个案例来补上。我阅读《创造力：心流与创新心理学》这本书时，里面讲到一个热门词"心流体验"，是指一种完全投入、毫不费力、进展顺利的做事状态，它有9个重要因素：

（1）每一步都有明确的目标。

（2）行动会马上得到反馈。

（3）存在着挑战与技能的平衡。

（4）行动与意识相融合。

（5）不会受到干扰。

（6）不担心失败。

（7）自我意识消失。

（8）遗忘时间。

（9）活动本身具有了目的。

要使用数字定桩法，先要将数字变成具体的形象，记忆大师都有一套数字编码。我们今天先熟悉一下1到9的编码，都是通过形状产生的，比如1像

"蜡烛"、2像"鹅"、3像"耳朵"、4像"帆船"、5像"秤钩"、6像"勺子"、7像"镰刀"、8像"眼镜"、9像"口哨"，你记住了吗?

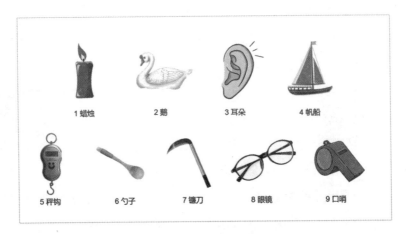

接下来，我们把要记忆的要点，分别和数字编码进行联想：

（1）每一步都有明确的目标。蜡烛。（蜡烛就像是灯塔，想象每往前走一步，都会看到远方的蜡烛，作为自己的目标。）

（2）行动会马上得到反馈。鹅。（停着不动的鹅一行走，我就给它喂一个食物，这是给它的反馈。）

（3）存在着挑战与技能的平衡。耳朵。（两只耳朵上，一个站着《挑战不可能》的主持人撒贝宁，一个站着拥有超强技能的挑战者，他们在保持两个耳朵的平衡。）

（4）行动与意识相融合。帆船。（"意识"谐音为"衣食"。运动员在帆船上行动自如，而且衣食无忧。）

（5）不会受到干扰。秤钩。（走钢丝的人，有人拿着秤钩勾他，他都不会受到干扰。）

（6）不担心失败。勺子。（我在练习双手掰弯钢勺子，结果失败了。）

（7）自我意识消失。镰刀。（我用镰刀在自己的一堆衣食上挥舞，它们就消失了。）

（8）遗忘时间。眼镜。（我戴上了VR眼镜很投入地看电影，看完才发现我错过了吃饭的时间。）

（9）活动本身具有了目的。口哨。（团队活动组织一起徒步，最后大家吹着口哨到达了目的地。）

请复习一遍，再回忆一下，记住了吗？

当然，这道题要用其他的定桩记忆法，比如万物定桩法、熟语定桩法或地点定桩法，也都是可以的。

对于内容层次丰富的书籍，当然使用思维导图也必不可少，用思维导图来整理书籍，一是按照书籍的框架结构；二是按照我的个人需求。我一般倾向第二种。如何绘制思维导图，我在之前的内容里已经讲过，这里就示范一张思维导图，是我阅读《心灵货币》这本书绘制的，从本质、灵性、原则、层次、拓展、假象六个主干展开。

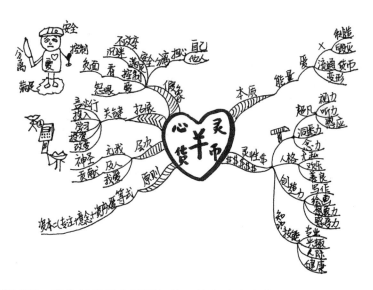

这张导图，我依然是结合了记忆法，比如左上角的"假象"这部分内容，将"安全""控制""分离""满足""爱"，用一个光头强的形象来绘制成定位图示，头顶戴着安全帽代表"安全"，左手拿着遥控杆代表"控制"，右

手拿着锯子来"分离"大树，衣服上画一颗心代表"爱"，脚上满满的都是泥巴，代表着"满足"。

划重点

我来总结一下本节的内容。我先讲到要根据阅读的书籍和阅读的目的，来决定是要速读还是要精读。然后，我从"相对抽象陌生的概念或者理论"和"有非常多要点的知识"两个方面，分别举例示范形象记忆法、锁链故事法、定桩记忆法和思维导图法在精读中的运用。请你以后在读书时遇到难记的内容，可以尝试将学过的记忆法都用起来，让学习真正留下痕迹！

写作业

请尝试将《高效能人士的七个习惯》里的七个习惯记住：

习惯一：积极主动——个人愿景的原则

习惯二：以终为始——自我领导的原则

习惯三：要事第一——自我管理的原则

习惯四：双赢思维——人际领导的原则

习惯五：知彼解己——将心比心交流的原则

习惯六：统合综效——创造性合作的原则

习惯七：不断更新——平衡的自我更新的原则

*公众号"袁文魁"回复"ZY"，获取参考联想。

第五节 分类速记介绍性文章知识点，理清套路不易出错

上一节，我们讲到了精读并记忆书籍的核心内容，今天我要讲解说明介绍性的文章，该如何理清思路并活用记忆法。说明介绍性的文章，主要是介绍说明事物的形态、性质、功能的特征，包括动植物科普介绍、旅游景点介绍、公司产品介绍等，比如大家熟悉的文章《苏州园林》；还有一类是说明事理，目

的是讲明事因，阐释事物的本质、事物内部的内在联系，比如《死海不死》这篇文章，说明了死海不死的原因在于"海水咸度很高"。如果我们作为讲解员要给别人介绍，面对大篇幅的文章内容，应该怎么去记忆核心要点呢？

首先，需要了解说明介绍性文章的说明顺序，主要有三种：时间顺序、空间顺序、逻辑顺序。说明产品制作、工作方法、历史发展、人物成长、动植物生长等，一般会以时间为顺序；介绍事物的方位和形貌特点，一般按照事物空间存在的方式，采用从外到内、从上到下、由近及远、由前而后等空间顺序；而逻辑顺序，是按照由一般到个别、由具体到抽象、由现象到本质等逻辑关系。

其次，我们需要了解说明文章的框架结构。常用的结构有四种：总分式、并列式、递进式、连贯式。其中递进式，是各部分之间的关系由浅入深、由表及里、由现象到本质，以逻辑为序的事理说明文多采用递进式结构。而说明事物的发展过程、工作程序，前后之间是相互承接的，多采用承接式结构。

了解了说明文的这些知识，还只是抓住了骨架，接下来，我以分别按照时间、空间和逻辑顺序的三篇说明文为例，示范我如何使用记忆法来记忆里面的重点内容。

一、时间顺序的文章：《武汉大学》

我们学前测试的第四个测试，就是以武汉大学官网上的一篇介绍文章来测试的，请再次阅读文章。

武汉大学溯源于1893年清末湖广总督张之洞奏请清政府创办的自强学堂，历经传承演变，1928年定名为国立武汉大学，是近代中国第一批国立大学。

1946年，学校已形成文、法、理、工、农、医6大学院并驾齐驱的办学格局。新中国成立后，武汉大学受到党和政府的高度重视。1958年，毛泽东主席亲临武大视察。1993年，武汉大学百年校庆之际，江泽民等党和国家领导人题词祝贺。

改革开放以来，武汉大学在国内高校中率先进行教育教学改革，各项事业蓬勃发展，整体实力明显上升。1999年，世界权威期刊《Science》杂志将武汉大学列为"中国最杰出的大学之一"。2000年，武汉大学与武汉水利电力大学、武汉测绘科技大学、湖北医科大学合并组建新的武汉大学，揭开了学校改革发展的崭新一页。合校十多年来，学校综合实力和核心竞争力不断提升，2019年，学校在QS世界大学排名中位列第257位。

这篇文章很明显是按时间顺序写作的，是承接式的结构。大的时间节点有两个："新中国成立"和"改革开放"，具体的时间有1893年、1928年、1946年、1958年、1993年、1999年、2000年和2019年，我们在记忆时，只需要将事件与时间进行配对联想即可。

比如，1893年清末湖广总督张之洞奏请清政府创办的自强学堂，1893谐音为"一把旧伞"，联想张之洞打着一把旧伞，找到了一个之字形的洞，在里面办了一个学堂，学生们一起唱《男儿当自强》这首歌。

1928年定名为国立武汉大学，前面的19不用刻意记忆，28在我的数字编码里是恶霸，我想到一个恶霸很有肌肉，抱起"国立武汉大学"的牌坊立在了学校门口。

1946年，学校已形成文、法、理、工、农、医6大学院并驾齐驱的办学格局。46可以谐音联想为"是6"个学院。这6个学院也好记，把六个组块缩小为三个，"文法"，很多大学都有"文法学院"，"理工"可以想到理工男，"农医"想到农村的赤脚医生。

2000年，武汉大学与武汉水利电力大学、武汉测绘科技大学、湖北医科大学合并组建新的武汉大学。可以编故事记忆：2000年这个千禧年，在三峡大坝的水电站，有人拿着测绘仪器在测量，崴了脚后去医院看医生。也可以用字头串一下：水电测医。

这篇文章就举例这么多，核心点是将时间与事件配对联想，具体细节的知识，则根据情况使用锁链故事法、定桩记忆法等方法。

二、空间顺序的文章：《武汉旅游景点》

接下来看第二篇文章，它摘自武汉市政府的门户网站，介绍武汉市的知名旅游景点，假设你想到武汉旅游，想要系统地了解武汉的景点，或者你作为武汉本地人，临时作为导游要介绍武汉，记住这篇文章里面的核心内容很有必要。请阅读这篇文章。

武汉市是一座历史文化名城，又是"中国优秀旅游城市"和"三国""三峡"旅游线路的中转站。全市有名胜古迹339处、革命纪念地103处，有282处国家级、省级、市级重点文物保护单位。

其中国家重点文物保护单位有：盘龙城商朝遗址、辛亥革命首义军政府旧址、中共"八七会议"旧址和武汉国民政府旧址等29处。武汉二七纪念馆、武昌中央农民运动讲习所旧址纪念馆和辛亥革命武昌起义纪念馆等被列为全国百个爱国主义教育示范基地之一。黄鹤楼景区、东湖生态旅游区、黄陂木兰文化生态旅游区为3个国家5A级景区（点），湖北省博物馆、归元禅寺、武汉博物馆、辛亥革命博物馆、中科院武汉植物园等16个景区入选国家4A级景区（点），3A级景点20个。

东湖生态旅游风景区是国家重点名胜风景区，烟波浩淼，风光秀美。

磨山位于东湖风景区内，有山峰6座，最高的东峰形圆如磨，故得此名。磨山峰顶建有楚天台、祝融观星像、朱碑亭，山下建有楚城、楚辞轩。

黄鹤楼为"中国旅游胜地四十佳"之一，与湖南岳阳楼、江西滕王阁并称"江南三大名楼"。

木兰文化生态旅游区位于黄陂区北部，包括木兰山、木兰天池、木兰草原和木兰云雾山4个景区，占地面积18.6平方千米，木兰山风景区是国家地质公园、省级风景名胜区。

号为"楚天第一楼"的晴川阁背依龟山，与黄鹤楼隔江相望，被誉为"千古巨观"。

古琴台位于汉阳龟山西边的月湖旁，相传为古代俞伯牙与钟子期结为知音之处。归元禅寺是湖北四大佛教禅院之一及国家重点佛教寺院，建于清顺治十五年（1658年），取"归元性不二，方便有多门"的佛偈而命名。至清道光十四年（1834年）的100多年间，陆续建成藏经阁、鼓楼、涅槃堂、罗汉堂等，其中罗汉堂供奉有500尊泥塑金身的罗汉，闻名于全国。

位于武昌的湖北省博物馆内收藏历史文物达20余万件，其中有曾侯乙编钟、越王勾践剑、吴王夫差矛等稀有珍品。辛亥革命首义军政府旧址红楼辛亥革命纪念馆以及现代化的龟山电视塔均是驰名中外的旅游景观。

此外，位于武汉城郊和远城区不断开发、开园的新景区、新景点，充分发挥本地历史文化和自然生态资源优势，为武汉风景名胜制造众多新的亮点。

风景优美的锦里沟、木兰花乡、木兰花谷、木兰湖、清凉寨、龙阳湖、后官湖、九真山、道观河、金银湖等度假区都是市民观光、游乐、避暑、疗养的胜地。马鞍山森林公园、武汉野生动物园、江汉路步行街、楚河汉街、汉秀剧场、后官湖湿地公园、东湖绿道、东西湖郁金香主题公园、江夏薰衣草风情园、武汉科技馆、武汉博物馆、江汉关博物馆、知音号、武汉欢乐谷和极地海洋世界等成为市民休闲、观光、娱乐的好去处。

这篇文章的第二段是按照旅游景点来介绍的，也可以算是空间顺序的一种，整体的介绍结构是总分式。首先以"武汉市是一座历史文化名城"总起，后面重点介绍了国家重点文物保护单位、全国百个爱国主义教育示范基地、国家5Ａ级景区和国家4Ａ级景区（点）；第三至八段是并列式，依次介绍了东湖生态旅游风景区、黄鹤楼、木兰文化生态旅游区、晴川阁、古琴台、归元禅寺、湖北省博物馆等，最后又罗列出一些城郊和远城区的新景点。

我来记忆的话，一是会记住"全市有名胜古迹339处、革命纪念地103处，有282处国家级、省级、市级重点文物保护单位"，可以通过数据来证明武汉的景点丰富。数据记忆，很多人会头疼，但是记忆大师5分钟能记住几百个数字，记住这些数字就很容易了。比如"339"谐音为"伸伸脚"，联想伸伸脚去游览名胜留下了足迹；"103"谐音为"要领伞"，联想要闹革命了，每个人要去领伞当作武器；"282"谐音为"矮胖儿"，想象一个又矮又胖的儿童，在保护重点文物。

二是会记住一些代表性的国家重点文物保护单位和国家5Ａ级景区（点），国家重点文物保护单位列出了盘龙城商朝遗址、辛亥革命首义军政府旧址、中共"八七会议"旧址和武汉国民政府旧址，我编了一个歌诀：盘龙商辛亥，八七会国民。国家5Ａ级景区（点）有黄鹤楼景区、东湖生态旅游区、黄陂木兰文化生态旅游区，我是比较熟悉这些景点的，如果你不熟悉，可以编个故事：黄皮肤的花木兰骑着黄鹤飞到了东湖去旅游。

三是记住一些代表性景区的介绍，比如东湖生态旅游风景区，"烟波浩渺，风光秀美"这些就不用刻意记了。别人可能问我，东湖磨山有什么可玩的？我就记住："磨山峰顶建有楚天台、祝融观星像、朱碑亭，山下建有楚城、楚辞轩。"想象在山顶，郑少秋饰演的楚留香在天台上，和祝融一起在观天上的星象，并且在亭子里的朱碑上写下了诗句。下山之后，他们住在楚城里，一起在轩窗前读《楚辞》。

因为这里的景点较多，每个景点也都有一些介绍，所以我会使用地点定桩法，将每个景点分别放在一个地点，刚才这个故事，我就会呈现在其中一个地点之上。

最后列出的一些新景点，"风景优美的锦里沟、木兰花乡、木兰花谷、木兰湖、清凉寨、龙阳湖、后官湖、九真山、道观河、金银湖等"，如果你想要记住，可以编故事，也可以编歌诀，我编了一个歌诀："锦里木兰乡谷湖，九后清龙道金银"，适当谐音为"锦里木兰香菇湖，酒后青龙倒金银。"想象穿着锦缎的花木兰在长满香菇的湖里，喝了酒后的青龙往湖里倒金子和银子。说实话，这里面有一半的新景点我也没听过，但是编完歌诀就都记住了。

三、逻辑顺序的文章：《大运河保护迫在眉睫》

接下来，我们再来看一篇逻辑顺序的说理文章，《大运河保护迫在眉睫》，曾经是高考的阅读题目，请你阅读。

　　长达一千多公里的京杭大运河，与绵延的万里长城，作为举世闻名的古代中国人创造的伟大工程，都是华夏民族的历史丰碑和永远的骄傲。长城早已被列为全国重点文物保护单位，并跻身于《世界文化遗产名录》，而大运河的文物保护问题至今尚未得到应有的重视。

　　大运河在广开海运之前是我国古代的一条重要交通命脉，开凿运河是为了最大限度地进行沟通交流。大运河在开凿过程中利用了春秋时代吴王夫差开通的邗沟，在隋炀帝时最终完成，唐宋繁盛一时，元代截弯取直，明清屡加疏通。在漫长的历史时期，大运河一直是一条南粮北运、商旅交通、水利灌溉的生命线。

　　大运河涉及黄河与长江这两个古代文化、文明的核心地区，连接着燕文化、齐鲁文化、吴越文化等中国历史上重要的文化区域，其沿岸是古代中国人口集中、文化遗址密集的地区。各个时代，大运河贯穿之地都留下了丰富的文化古迹，被誉为"古代文化长廊"，其文物价值与意义非同寻常。不仅如此，大运河在开凿的长度、年代上还创下了傲视环宇的纪录，特别是沿岸几十座城市有着独特的人文景观和民俗风韵，保存了极其特色的内河文化。

　　但是，作为华夏先民智慧与创造力结晶的大运河，至今未被列入全国重点文物保护单位，也没有一部专门的法律法规肯定和保障它的历史地位。

　　大运河的保护现状确定令人忧虑。除千百年来河堤决口、泥沙淤塞、水量匮乏等自然原因外，更有乱开支渠、截流用水、管理不善等人为因素。由于不少河段利用了天然湖泊和自然河流，很多人认识不到大运河也是文化遗产或文物古迹；而出于局部利益考虑随意改拆遗存的现象时有发生，分省分段的管理体制也使大运河的保护无法形成综合性的全盘规划。

　　大运河虽然历尽沧桑，却衰而未亡，江南河段仍然泽被今人；已开工的南水北调工程也涉及大运河的保护、管理和利用。因此，亟须通过文物调查与文化保护研究，提交完整的大运河总体调研与保护报告。

　　作为中国古代文明的重要载体和人类历史上伟大的水利工程之一，大运河及其沿岸相关古迹不仅应在南水北调工程中得到有效保护，而且也应作为一个整体来申报世界文化遗产。

作为说理性介绍性文章，关键先要将说理的逻辑理清楚，我们可以通过一张树型图示来呈现出来。

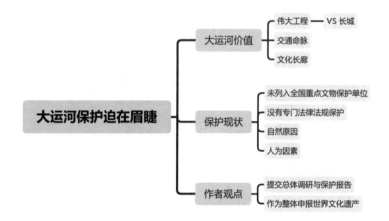

我的理解是这样的：前面三段讲大运河的价值，分别从"伟大工程""交通命脉""文化长廊"三部分来说明，第四、第五段是说明大运河的保护现状，最后两段呈现出作者的观点：提交完整的大运河总体调研与保护报告，并作为一个整体来申报世界文化遗产。逻辑理清楚了，文章的顺序就容易记了。

至于具体的内容，最多的是大运河的保护现状。这部分内容，可以整体上串成一个故事来记忆：想象在大运河旁边，有一个文物保护的专家手里拿着一本法律书，他看着大运河河堤决口，洪水冲积的泥沙淤塞了河道，导致下游的水量匮乏，有人在大运河的中间乱开支渠，用东西截住运河来用水，而旁边的管理者居然不敢管。纵观整个运河，有些段在改拆一些运河的遗存文物，另一些段则在做其他的建设，分省分段的管理，专家感到各自为政，乱七八糟，心里很寒心。

本节就大致分享这么多了，理清了逻辑，记忆就更容易。我们并不需要一字不漏地把它记下。

划重点

我来总结一下本节的内容。我先讲了说明介绍性文章的说明顺序，有时间顺序、空间顺序、逻辑顺序，然后讲到了说明文章的四种常见结构：总分式、并列式、递进式、连贯式。最后，我以《武汉大学》《武汉旅游景点》和《大运河保护迫在眉睫》三篇文章，分别进行了我的记忆示范，愿你可以掌握方法，以后无论是介绍产品还是你的城市，都可以轻松记住，自信讲解！

写作业

下面这篇摘自湖北省政府官网的文章，介绍了湖北省的植物和动物资源，请你挑选一段进行记忆训练。

全省天然分布维管植物292科1571属6292种。其中苔藓植物51科114属216种，蕨类植物41科102属426种，裸子植物9科29属100种，被子植物191科1326属5550种。其中天然分布的国家重点保护野生植物51种（其中国家Ⅰ级保护的8种，Ⅱ级保护的43种），如水杉、银杏、红豆杉、南方红豆杉、伯乐树（钟萼木）、珙桐、光叶珙桐、莼菜、鹅掌楸、水青树、喜树、金钱松等。列入《中国珍稀濒危保护植物名录》（第一册）的天然分布珍稀濒危植物63种，占全国总种数的16.24%。湖北省是"活化石"水杉的原产地，闻名世界的"水杉王"就生长在恩施州的利川市；国家Ⅰ级保护植物珙桐在湖北省的神农架国家公园、五峰后河、宣恩七姊妹山国家级自然保护区等地成群落分布。

湖北省在动物地理区划系统中属东泽界、华中区。全省有野生脊椎动物893种，其中兽类121种，鸟类456种，爬行类62种，两栖类48种，鱼类206种。其中属于国家和湖北省重点保护的野生动物有258种（国家重点保护的112种，其中国家Ⅰ级保护的23种，Ⅱ级保护的89种；省重点保护的146种），如金丝猴、麋鹿、白鹤、白头鹤、中华鲟等都是闻名世界的珍稀保护动物。黄梅县、石首市被中国野生动物保护协会分别命名为"中国白头鹤之乡"和"中国麋鹿之乡"。全省鱼苗资源丰富，长江干流主要产卵场36处，其中半数以上在湖北境内。

*公众号"袁文魁"回复"ZY"，获取参考联想。

第六节　熟练运用四种记忆法，快速记忆现代诗歌和文章

本节，我将分享记忆现代诗歌和文章的技巧，总是有人问我："老师，我孩子背课文老痛苦啦，怎么办？""老师，最好的背课文的方法是什么？"其实，并没有一种可以包治百病的方法，需要根据情境的不同，使用不同的方法。

对于写景或者叙事类文章，可以使用形象记忆法；对于排比句比较多，或者上下文联系较弱的，可以使用锁链故事法；对于形象记忆法和锁链故事法想到的画面，如果用简笔画画出来，就是图示记忆法；如果内容特别长，也可以辅助使用定桩记忆法。我们今天就来分别举例说明。

一、形象记忆法

形象记忆法，是将比较形象生动的文章，直接根据意思想象出相应的图像，身临其境地来进行记忆，就好像把一个电影剧本拍成了电影一样。

我挑选了高中语文课本里食指的《相信未来》这首诗来举例，这首诗是诗人向苦难现实宣战的誓言，表达出对美好未来的坚定信念，足以震撼住每一位读者的灵魂，至今读来依然很有力量。我就以其中的前两段为例，看看可以如何想到具体的形象。

当蜘蛛网无情地查封了我的炉台

当灰烬的余烟叹息着贫困的悲哀

我依然固执地铺平失望的灰烬

用美丽的雪花写下：相信未来

这一段，我想象的画面是：蜘蛛网结了一个封条形状的网，封在了我的炉台上，炉台里灰烬的余烟正在叹气，坐在炉台前有一个穿着打补丁衣服的穷人正悲哀地哭泣，我手执一个固体胶，铺平了画着失望表情的灰烬，再拿起了雪花写下了"相信未来"。

这里面，"贫困"我想成"穿着打补丁衣服的穷人"，"固执"我转化成了"手执一个固体胶"。

当我的紫葡萄化为深秋的露水

当我的鲜花依偎在别人的情怀

我依然固执地用凝霜的枯藤

在凄凉的大地上写下：相信未来

我的画面是：树上的紫葡萄融化了，变成了深秋黄叶上的露水，露水滴到了鲜花上面，鲜花依偎在别人的怀里，我折下葡萄树上一段凝霜的枯藤，在大地上写下了"相信未来"，大地上有一个妻子正在边扇风边看着我。

这里为了强调"凄凉"，将其谐音为"妻凉"，转化为"妻子扇风"的形象。

通过这样的形象再现，记忆便会生动有趣很多，我从高中起便经常使用这种方式，对于记忆写景或者叙事类文章，非常适合。比如朱自清的《荷塘月色》："层层的叶子中间，零星地点缀着些白花，有袅娜地开着的，有羞涩地打着朵儿的；正如一粒粒的明珠，又如碧天里的星星，又如刚出浴的美人。"在脑海中，根据作者的语言描述，加上自己的生活阅历，把这一幕幕变成眼前的风景，这样记忆就比反复诵读好玩很多。

二、锁链故事法

锁链故事法，就是将文章中的重点内容提取出来，然后再用锁链故事的方式将他们联结在一起，便于记忆，一般对于排比句比较多的文章尤其适用。

我们来看看初三课本里的一首诗，舒婷的《祖国啊，我亲爱的祖国》，我挑选前面的三节诗为例：

我是你河边上破旧的老水车

数百年来纺着疲惫的歌

我是你额上熏黑的矿灯

照你在历史的隧洞里蜗行摸索

我是干瘪的稻穗，是失修的路基

是淤滩上的驳船

把纤绳深深

勒进你的肩膊

——祖国啊！

我是贫穷

我是悲哀

我是你祖祖辈辈

痛苦的希望啊

是"飞天"袖间

千百年未落到地面的花朵

——祖国啊！

我是你簇新的理想

刚从神话的蛛网里挣脱

我是你雪被下古莲的胚芽

我是你挂着眼泪的笑涡

我是新刷出的雪白的起跑线

是绯红的黎明

正在喷薄

——祖国啊！

舒婷是朦胧诗派的代表作家之一，诗人反复运用"我是……"的句式，在向祖国深情诉说，融个体的"我"于祖国的大形象里，表达了"我"与祖国生死相依、血肉相连的情感。

诗人在诗中排列了一系列意象，第一节中就有：水车、矿灯、稻穗、路基、驳船，这些意象跳跃性比较大，我们可以通过锁链故事法将其建立联系，想象在水车上面挂着一个矿灯，矿灯照亮着稻田里的稻穗，稻穗倒下来压到了路基的上面，路基的尽头是一只驳船。这样我们就可以将五个意象的顺序记得更牢固。

（思维导图国际裁判　张超　绘图）

第二节，"我是贫穷"，我想到一个穷人，他在悲哀地哭泣，面对着他家里的祖坟，接着他表情痛苦地走在太阳升起的希望的田野上，天上有飞天从袖间撒下花朵，他伸出双手来迎接。

第三节也有很多意象，从"神话的蛛网里挣脱"的"理想"，"古莲的胚芽""挂着眼泪的笑涡""新刷出的雪白的起跑线""绯红的黎明正在喷薄"，我可以用一个故事将它串起来，由"理想"谐音想到主持人李响，他从蛛网里挣脱下来，吃了一个古莲的胚芽，然后脸上露出了笑涡，他有力量了，于是在起跑线上跑起来，在终点，绯红的太阳正在升起来。

（思维导图国际裁判 张超 绘图）

三、图示记忆法

图示记忆法，就是将我们要记忆的内容用画图的方式画出来，我们可以结合前面的形象记忆法或锁链故事法。

比如我在高中时背诵课本里的《再别康桥》，就是使用图示记忆法，运用简笔画将核心意象画出来，我们先来读读这首诗：

轻轻的我走了，
正如我轻轻的来；
我轻轻的招手，
作别西天的云彩。

那河畔的金柳，
是夕阳中的新娘，
波光里的艳影，
在我的心头荡漾。

软泥上的青荇，
油油的在水底招摇；
在康河的柔波里，
我甘心做一条水草！

那榆荫下的一潭，
不是清泉，是天上虹；
揉碎在浮藻间，
沉淀着彩虹似的梦。

寻梦？撑一支长篙，
向青草更青处漫溯，
满载一船星辉，
在星辉斑斓里放歌。

但我不能放歌，

悄悄是别离的笙箫；

夏虫也为我沉默，

沉默是今晚的康桥！

悄悄的我走了，

正如我悄悄的来；

我挥一挥衣袖，

不带走一片云彩。

在背诵诗歌前，我们需要了解诗歌的背景。徐志摩曾经求学于剑桥大学，这里是他人生的转折点，1928年诗人故地重游，在归途的中国南海上，吟成了这首传世之作。

（国际记忆大师 吕柯姣 绘图）

熟悉朗诵之后，我们根据诗歌的节奏和感情，边朗诵边在脑海中浮想出画面，并且用简笔画呈现出来。图示是国际记忆大师吕柯姣老师绘制的，请你对照图片来看我的讲解。

"轻轻的我走了，正如我轻轻的来；我轻轻的招手，作别西天的云彩。"这一部分画了两个火柴人，左边的是"走"，右边的是"来"，并且在和云彩招手告别。

"那河畔的金柳，是夕阳中的新娘，波光里的艳影，在我的心头荡漾。"这一段，在河边画了柳树，树的下边是在夕阳下的新娘，倒影在河里，河对岸的火柴人，心红彤彤的。

"软泥上的青荇，油油的在水底招摇；在康河的柔波里，我甘心做一条水草！"这一部分画了一个火柴人陷入水里，像是一条水草一样，旁边还有软泥上的青荇，再画几条波浪代表"招摇"。

"那榆荫下的一潭，不是清泉，是天上虹；揉碎在浮藻间，沉淀着彩虹似的梦。"这一段，从左边重新开始绘制，榆树下面画了一个喷泉，喷到了天上的彩虹，彩虹被揉碎掉落到浮藻之间，下面有个火柴人在彩虹上做梦。

我介绍到这里，剩下的部分，大家可以对照图示和诗句来将其记住。这里面，除了直接呈现诗句，也会适当将上下句之间建立联系，比如"清泉"和"天上虹"之间，就是用喷泉喷到了彩虹上建立了锁链联结，所以这个图示是结合了形象记忆法和锁链故事法，来帮助我们更加迅速地回想出整首诗来。

当我们绘制完图示之后，可以先看着图示回忆诗歌，想不起来的部分可以看原诗来强化，接着尝试闭眼回想图示，根据脑海中的图示来回忆原诗，多背诵几遍，达到脱口而出的记忆效果。

四、地点定桩法

地点定桩法，主要是对于比较长的诗歌或文章，我们分段使用形象记忆法或者使用锁链故事法，依次把想到的画面，与我们熟悉的地点桩进行联想记忆，从而辅助我们记住文章的顺序。

　　我们来看看初中课本里《海燕》这篇文章，我节选六段如下，大家可以先看看文字内容。

　　在苍茫的大海上，狂风卷集着乌云。在乌云和大海之间，海燕像黑色的闪电，在高傲地飞翔。

　　一会儿翅膀碰着波浪，一会儿箭一般地直冲向乌云，它叫喊着，——就在这鸟儿勇敢的叫喊声里，乌云听出了欢乐。

　　在这叫喊声里——充满着对暴风雨的渴望！在这叫喊声里，乌云听出了愤怒的力量、热情的火焰和胜利的信心。

　　海鸥在暴风雨来临之前呻吟着，——呻吟着，它们在大海上飞窜，想把自己对暴风雨的恐惧，掩藏到大海深处。

　　海鸭也在呻吟着，——它们这些海鸭啊，享受不了生活的战斗的欢乐：轰隆隆的雷声就把它们吓坏了。

　　蠢笨的企鹅，胆怯地把肥胖的身体躲藏在悬崖底下……只有那高傲的海燕，勇敢地，自由自在地，在泛起白沫的大海上飞翔！

　　我使用的地点桩是我在商场里找的，大家可以看下图片，六个地点分别是白色墙、木头花架、摇摇车、塑料椅、儿童挖掘机、包装盒。

比如第一句，我就会想象在白墙之上，是一片苍茫的大海，大海之上是龙卷风卷集着乌云。在乌云和大海之间，海燕飞成闪电的Z字形，抬着头向高处飞翔。在回忆时，如果"苍茫"容易忘记，可以想到大海上有一个爬满苍蝇的芒果。

再看第二句，在木头花架上，依然想象下面是大海，上面是乌云，海燕飞在中间，一会儿翅膀碰着波浪，一会儿箭一般地直冲向乌云，发出叫喊，想象乌云长着耳朵在听，一脸的欢乐。

中间的几句都依次呈现在不同的地点上，我就再举最后一句为例。在包装盒上，想象旁边的竖盒子就是悬崖，蠢笨的企鹅胆怯地把肥胖的身体躲藏在悬崖底下，在盒子外面就是大海，海燕勇敢地自由自在地在泛起白沫的大海上飞翔！

地点定桩法的主要作用是辅助记忆顺序，同时作为回忆的线索，我们回忆时，就可以到相应的地点上去寻找。但在实际记忆每一句内容时，还需要结合形象记忆法和锁链故事法等。

划重点

我来总结一下本节的内容。我分享了现代诗歌和文章记忆的四种方法：形象记忆法、锁链故事法、图示记忆法、地点定桩法，对于写景或者叙事类文章，使用形象记忆法；对于排比句比较多，或者上下文联系较弱的，使用锁链故事法；对于形象记忆法和锁链故事法想到的画面，也可以用简笔画画出来，就是图示记忆法；如果内容特别长，也可以使用定桩记忆法。

写作业

请尝试使用所教的方法，记住《再别康桥》这一首诗，记住之后可多尝试背诵，达到脱口而出的水平。

第七节　三大方法背诵唐诗宋词，轻松记忆拗口文言文

上一节，我分享了记忆现代诗歌和文章的技巧，很多人更害怕的是背文言文，别人背书分分钟，他一背书头就痛。晚清名臣曾国藩就曾被难倒过，他有一天夜晚苦背古文几百遍都没记住，一个潜入他房间的小偷迟迟没法下手，最终出来对他大吼道："就你这么笨，还读什么书，我都听会了。"说完很流利地把那篇文章一字不差地背诵下来，这让曾国藩羞愧难当。想要不步曾国藩的"后尘"吗？今天我就分享三种辅助记忆诗词古文的方法。

分享之前，我先讲讲我一般背诵古文的步骤：

第一步：整体把握古文。就是先通过看、读、听等方式进行感官记忆，此时主要了解文章的核心主题、逻辑结构、表达方式等，同时边阅读可以边想象画面，有些简单的段落自然而然就记住了。此时默读一遍，朗读一至两遍即可。

第二步：消灭拦路虎。有些生僻的字词句等，可以通过注释和译文弄懂，或通过记忆法记住。

第三步：巧用记忆法。有些诗词通过形象记忆法想象画面就能记住，有些则要结合锁链故事法或字头歌诀法，也可以用图示记忆法来直观呈现。长篇的诗词文章，可以用定桩记忆法来辅助记忆各段落或句子之间的顺序。

第四步：清理死角。个别的字词可能容易忘记，或者某些词语的顺序老背错。此时我们需要通过尝试回忆来找到死角，将这些部分圈出来，对其进行强化记忆，直至能够逐字背诵。

第五步：科学复习。在背诵完毕之后，在当天要及时复习，第二天可再次复习，一周之后再强化巩固。

接下来，我以中小学课本里必背的诗词古文为例，重点举例讲解三种记忆方法的运用：

一、图示记忆法

将比较形象的古诗直接呈现出形象，用简笔画画出来，里面有相对抽象易忘的字词，可以使用"鞋子拆观众"的方式转化成形象。我们先来看一首诗：

春夜喜雨

（唐）杜甫

好雨知时节，当春乃发生。

随风潜入夜，润物细无声。

野径云俱黑，江船火独明。

晓看红湿处，花重锦官城。

译文：

春雨好像知道时节的变化，到了春天它就自然地产生。

随着轻风在春夜里悄悄地飘洒，滋润万物悄然无声。

野外的小路上空乌云一片漆黑，只有江上的小船还亮着孤灯。

清晨看那润湿的春花，含着雨沉甸甸地开遍锦官城。

《春夜喜雨》

（唐）杜甫

1好雨知时节，当春乃发生

2随风潜入夜，润物细无声

3野径云俱黑，江船火独明

4晓看红湿处，花重锦官城

（国际一级记忆裁判 官晶 绘图）

"好雨知时节，当春乃发生。"画的是：在春夜里，雨水悄悄降下，红花绿草慢慢探出头来，春天来了。

"随风潜入夜，润物细无声。"画的是：一阵风吹来，夜晚细细的雨丝正滋润着小草，让它发出芽来。

"野径云俱黑，江船火独明。"画的是：小路上乌云密布，只看得到江船上的灯火发出光芒。

"晓看红湿处，花重锦官城。"画的是：太阳微微露出的清晨，娇艳的红花带着雨滴，让锦官城变得分外美丽。

在记忆古诗时，有可能会出现上下句之间"掉链子"的情况，我也会结合锁链故事法，将上下句建立一个联系。

别董大

（唐）高适

千里黄云白日曛，北风吹雁雪纷纷。

莫愁前路无知己，天下谁人不识君？

译文：

漫天的黄沙遮蔽云朵，连白日也失去了光彩，北风阵阵，雪花纷飞，大雁在风雪中南飞。不要忧虑前去的路上遇不到知心朋友，天下的人有谁不知道您呢？

（国际一级记忆裁判 官晶 绘图）

"千里黄云白日曛"的画面是：一千里长的黄云把白日都熏黄了。

"北风吹雁雪纷纷"的画面是：北风吹着大雁，大雁嘴里含着雪花，雪花飘落下来。

"莫愁前路无知己"的画面是：一个瘪着嘴！愁眉苦脸的人走在路上。前面有一对知己，冒出了爱心飘到天上。

"天下谁人不识君"的画面是：天空的云朵下有一个人望着下面。

第一句和第二句，通过白日右边刮起北风来建立锁链，第二句和第三句，通过雪落在人的头上来建立锁链，第三句和第四句，通过爱心飘到了天上来建立锁链，这样就整体像锁链一样，更容易记住了！

试试看，是否可以看两三遍就背出这首诗呢？

二、字头歌诀法

在记忆古诗文时，借助理解和形象，我们基本可以记住内容，但有时会出现想不起下一句的情况，此时提示下一句的开头，可能你就能够想出来了。因此，我们也可以借助字头歌诀法来辅助记忆诗文的顺序。

比如孟浩然的诗《过故人庄》：

> 故人具鸡黍，邀我至田家。
>
> 绿树村边合，青山郭外斜。
>
> 开轩面场圃，把酒话桑麻。
>
> 待到重阳日，还来就菊花。

这首诗每一行我们要记住很容易，所以挑取每行开头的字，就是"故""绿""开""代"，谐音后变成"顾虑开袋"，想象一下我到故人的庄子里，主人请我吃开袋即食的快餐，我产生了很多顾虑，不敢打开袋子。这个歌诀就可以作为回忆的线索。

另一种情况，诗文里有比较多的排比信息，比如孟子的《生于忧患，死于安乐》里的经典名句：

天将降大任于斯人也，必先苦其心志，劳其筋骨，饿其体肤，空乏其身，行拂乱其所为。

我挑取字头分别是"苦""劳""饿""空""行",想象辛苦的劳动者饿着肚子在天空中飞行,就可以辅助记忆了!

第三情况,重章叠句的诗句,《诗经》里有很多,比较典型的是《蒹葭》,同样的句式,在不同的地方换字,我们先来读一遍。

蒹葭

蒹葭苍苍,白露为霜。所谓伊人,在水一方。

溯洄从之,道阻且长。溯游从之,宛在水中央。

蒹葭萋萋,白露未晞。所谓伊人,在水之湄。

溯洄从之,道阻且跻。溯游从之,宛在水中坻。

蒹葭采采,白露未已。所谓伊人,在水之涘。

溯洄从之,道阻且右。溯游从之,宛在水中沚。

译文:

河边芦苇青苍苍,秋深露水结成霜。意中之人在何处?就在河水那一方。

逆着流水去找她,道路险阻又太长。顺着流水去找她,仿佛在那水中央。

河边芦苇密又繁,清晨露水未曾干。意中之人在何处?就在河岸那一边。

逆着流水去找她,道路险阻攀登难。顺着流水去找她,仿佛就在水中滩。

河边芦苇密稠稠,早晨露水未全收。意中之人在何处?就在水边那一头。

逆着流水去找她,道路险阻曲难求。顺着流水去找她,仿佛就在水中洲。

先观察一下整体布局,把不同的部分下面画一条线,可看看右边的图。

这首诗,我会先记住第一段,此时已经记住了整体的句式,后面的两段对应的位置记住关键词是什么就好了。比如"蒹

蒹葭苍苍,白露为霜。所谓伊人,在水一方。

溯洄从之,道阻且长。溯游从之,宛在水中央。

蒹葭萋萋,白露未晞。所谓伊人,在水之湄。

溯洄从之,道阻且跻。溯游从之,宛在水中坻。

蒹葭采采,白露未已。所谓伊人,在水之涘。

溯洄从之,道阻且右。溯游从之,宛在水中沚。

葭"后面的关键字，字头串起来是"苍蒹采"，谐音到"藏起彩（笔）"；"白露"后面的串起来是"霜晞已"，谐音为"霜蜥蜴"；"宛在水中"后面的部分组成"央坻沚"，谐音联想到央视地址。

还有一种方式，后面的每一段，按顺序将关键词串起来编成歌诀。比如第三段："采已涘右沚"，谐音想到："踩蚁噬右趾"，联想到踩了一只蚂蚁，被它吞噬了右脚趾。记住以后，按照第一句的句式，分别将这些字填到相应的位置即可。

三、定桩记忆法

我以《陋室铭》来举例讲解：

山不在高，有仙则名，水不在深，有龙则灵。斯是陋室，惟吾德馨，苔痕上阶绿，草色入帘青。谈笑有鸿儒，往来无白丁。可以调素琴，阅金经。无丝竹之乱耳，无案牍之劳形。南阳诸葛庐，西蜀子云亭。孔子云：何陋之有？

我用一组酒店的地点来辅助记忆，请看图片，我找到的地点分别是：桌子、椅子、盆栽、木头、水槽、垃圾桶。在记忆时，我依次把句子根据理解呈现出形象，分别放在地点上面。

"山不在高，有仙则名，水不在深，有龙则灵。"意思是：山不在于高，有了神仙就会有名气。水不在于深，有了龙就会有灵气。

想象在桌子上面有一座矮山，上面有一个神仙，山下有一个水潭，里面有一条灵龙。

"斯是陋室，惟吾德馨。"意思是：这是简陋的房子，只是我品德好就感觉不到简陋了。

这句话较多抽象词，我做了一点转化，"斯"想到了"撕墙纸"，"惟吾"想到"维吾尔族"，"德馨"想到了"得到康乃馨"，所以想象在椅子上，有一个简陋的房子，墙纸都撕破了，里面有个维吾尔族的姑娘得到了康乃馨。这里需要注意，转化形象仅是辅助记忆，前提是先理解原文。

"苔痕上阶绿，草色入帘青。"意思是：苔痕碧绿，长到台上，草色青葱，映入帘里。

想象在盆栽的左边，有绿色的苔藓沿着墙上的砖头台阶延伸，盆栽里种着青草，钻入盆栽上垂下来的帘子里面。

"谈笑有鸿儒，往来无白丁。可以调素琴，阅金经。"意思是：到这里谈笑的都是博学之人，交往的没有知识浅薄之人，可以弹奏不加装饰的琴，阅读珍贵的经文。

想象在木头上面，有红衣的儒生在谈笑，旁边有白衣人拿着钉子走过。儒生们有的在调素色的琴，有的在阅读金装的佛经。这里"白丁"适当做了一些转化，要注意本意。

"无丝竹之乱耳，无案牍之劳形。"意思是：没有弦管奏乐的声音扰乱耳朵，没有官府的公文使身体劳累。

可以想象在石磨里，有人用丝竹来奏乐，有人捂着耳朵，下面的水槽像是桌子，有人在阅读公文，身体都劳累得弯腰了。

"南阳诸葛庐，西蜀子云亭。孔子云：何陋之有？"意思是：南阳有诸葛亮的草庐，西蜀有扬子云的亭子。孔子说：这有什么简陋的呢？

想象在垃圾桶的南面有太阳，太阳下诸葛亮住在茅庐里。在垃圾桶的西面，有赵子云在亭子里，旁边孔子在问："何陋之有？"

现在，请尝试结合地点桩，将这篇古文背下来吧。

划重点

我来总结一下本节的内容。我讲解了诗词古文的三大辅助记忆方法：一是图示记忆法，将比较形象的古诗直接呈现出形象画出来，或者将上下句容易掉链子的，结合锁链故事法画出来；二是字头歌诀法，适合于想不起下一句开头的诗歌、排比句比较多的诗歌，还有重章叠句的诗句；三是地点定桩法，适合于比较长的诗句，分别将每一句储存在地点上。

本章作业

请尝试使用今天所教的方法，记住《临洞庭湖赠张丞相》这一首诗，记住之后可多尝试背诵，达到脱口而出的水平。

临洞庭湖赠张丞相

（唐）孟浩然

八月湖水平，涵虚混太清。

气蒸云梦泽，波撼岳阳城。

欲济无舟楫，端居耻圣明。

坐观垂钓者，徒有羡鱼情。

译文：

秋水盛涨几乎与岸平，水天含混迷茫与天空浑然一体。云梦大泽水汽蒸腾白白茫茫，波涛汹涌似乎把岳阳城撼动。想要渡水却没有船只，闲居不仕，有愧于圣明天子。坐看垂钓之人多么悠闲自在，可惜只能空怀一片羡鱼之情。

*公众号"袁文魁"回复"ZY"，获取参考联想。

第八节 综合运用记忆法，倒背如流整本国学经典

上一节我们讲到了诗词的记忆，本节我来谈谈整本国学经典的记忆。我正式学习记忆法之后，曾经花一周时间背下整本《道德经》，后来又挑战背下《论语》《易经》和《孙子兵法》，这不仅精进了我运用记忆法的能力，更是让我对记忆的自信心倍增，因为我小时候连《三字经》都没有完整背下来过。我认为，想成为古文记忆高手，必须要至少背下一部5000字以上的国学经典。

背下国学经典的好处很多，国学大师南怀瑾曾说："背诵能增强人的智力、记忆力、思考能力，使头脑更细腻、更精详。现在人脑子完全是糊涂散乱。"北大中文系副主任漆永祥说："背诵的经典越多，便越能融会贯通，虽然不会有立竿见影的效果，但会对人的思想、言谈、举止产生潜移默化的影响，也有助于理解当今社会和解决当代思维下无法解决的难题。"

对于背诵国学经典的方式，不同的年龄段有所不同，比如从0岁至10岁之间，就以多听、多读、多唱为主。家里可以随时播放《大学》《中庸》《论语》等经典，孩子在玩耍的过程中可以无意识记忆；另外就是高声朗读，甚至可以唱出来，家长在带孩子玩的过程中，孩子就潜移默化地记住了这些知识。这个过程不需要讲意思，偶尔提到一点即可。

本节主要适用的是初中以上的人群，他们拥有一定的理解记忆能力，同时已经掌握了记忆法，可以以更快的速度记住整本经典。今天主要举例讲解的是《论语》，教育家梁启超称其为："2000年来国人思想之总源泉。"《习近平用典》这本书里，习近平总书记最爱引用的经典就是《论语》，多达11处。

武汉早在几年前就要求中小学生背诵《论语》，2018年北京市考试院发布高考《考试说明》：整本《论语》都被纳入考查范围。中小学教材对于《论语》格外重视，小学一年级下册就有"敏而好学，不耻下问"，三年级上册有"不迁怒，不贰过"，七年级上册有《论语》十二章，高中语文有《子路、曾皙、冉有、公西华侍坐》。

如果能够挑战背诵整本《论语》，哪怕是花上几个月时间，对于学习考试以及终身成长，都是非常有好处的，还可以磨砺我们的耐心，让我们能够战胜困难，达到极致。接下来，我就分享一些记忆的技巧。

第一步，我们需要了解《论语》。它是春秋时期一部语录体散文集，主要记载孔子及其弟子的言行。全书共20篇、492章，约15000字。在背诵之前，我们先使用数字定桩法，将整个目录存在大脑里，我以前面的5篇为例。

学而篇第一，蜡烛，想象在蜡烛下，学生正在学习知识并练习。

为政篇第二，鹅，想象一只鹅头戴官帽成为政府公务员。

八佾篇第三，耳朵，佾（yì），古代乐舞的行列，每行八人，称为一佾。联想到八位艺术家排成行列在跳舞，她们都把手放在耳朵旁，才听得清弹奏的音乐。

里仁篇第四，帆船，这篇里有"里仁为美"这一句，意思是能够达到仁的境界最好，也有人译为：居处在仁爱的邻居乡里中才是美。可以联想到帆船里面有一个人在居住。

公冶长篇第五，秤钩，公冶长是孔子的女婿，也是七十二贤人之一，名字谐音想到"弓也长"，用秤钩将长长的弓给钩了起来。

第二步，熟悉要背诵的篇章。在正式背诵某个篇章之前，我们可以先读两遍原文。读完之后，对照译文，将每一句讲解的意思进行理解，重点要把疑难字词搞清楚。

第三步，尝试使用记忆法记忆。因为整本书有492章，章与章之间的顺序不太好记，就要结合地点定桩法。比如《学而篇第一》有16章，有的章只有一两句话，就可以转化成形象放在一个地点上，有的章内容比较多、比较难，我会拆开放在多个地点上。在记忆具体某章的内容时，因为句与句之间并列的较多，一般要使用锁链故事法。

第一章是初中教材《论语》十二章出现过的：

子曰："学而时习之，不亦说乎？有朋自远方来，不亦乐乎？人不知而不愠，不亦君子乎？"

意思是，孔子说："学了，然后按一定的时间去复习它，不也是很愉快吗？有志同道合的人从远方来，不也快乐吗？人家不了解我，我却不怨恨，不也是道德上有修养的人吗？"

我想象在地点桩上的画面是：我在学习记忆法并且在练习，心情非常愉快，这时我的好朋友从远方来，我太开心了，但是他说我练记忆法没有用，我没有怨恨他，他竖起大拇指夸我："你是君子！"

第二章是：

有子曰："其为人也孝弟，而好犯上者，鲜矣；不好犯上，而好作乱者，未之有也。君子务本，本立而道生。孝悌也者，其为仁之本与？"

这段话的意思是，有子说："孝顺父母，顺从兄长，而喜好触犯上层统治者，这样的人是很少见的。不喜好触犯上层统治者，而喜好造反的人是没有的。君子专心致力于根本的事务，根本建立了，治国做人的原则也就有了。孝顺父母、顺从兄长，这就是仁的根本啊！"

在记忆时，有些我们理解了意思，但是一些词还是太抽象，这时候我会适当进行转化，但注意不要影响对原文的理解。我想象在地点桩上，有一个孝顺父母、顺从兄长的人，居然把皇上推倒在地，皇上倒在了苔藓上，代表"而好犯上者，鲜矣"，他接着带领很多人造反，这个画面被打了一个×，代表"不好犯上，而好作乱者，未之有也"。旁边有一个君子手拿着本子，本子上有一条道路生出来，这个画面帮助我记住"君子务本，本立而道生"。最后，君子给孝弟的这个人一个写着"仁"字的本子。

第三章是：

子曰："巧言令色，鲜矣仁。"

意思是，孔子说："花言巧语，装出和颜悦色的样子，这种人的仁心就很少了。"

巧和令都是美好的意思，相对抽象，如果不容易记忆，可以联想一个花言巧语的人手拿着彩色令牌，插到新鲜的虾仁上面。

这样每一章想象的画面，都呈现在一个地点桩之上，当第一篇的16章结束之后，我会把"为政篇第二"联想的画面：一只鹅头戴官帽成为政府公务员，想象它呈现在下一个地点桩上。接下来，我会继续在后面的地点桩上，联想第二篇的第1章的内容，子曰："为政以德，譬如北辰，居其所而众星共之。"依此类推，一直到将全书所有章的内容都呈现到地点桩上，有些章内容很多，所以背诵全书至少需要500多个地点桩。放心，只要你去找，你一定可以找到。这些地点桩可以分布在不同的空间，比如你自己家、朋友家、商场、学校等。

接下来就再举一些书籍内容为例，看看除了用锁链故事法来记忆之外，还有哪些方法也可以辅助记忆。

先来看看定桩记忆法，比如数字定桩法，以下面的经典名句为例：

子曰："吾十有五而志于学，三十而立，四十而不惑，五十而知天命，六十而耳顺，七十而从心所欲不逾矩。"

意思是，孔子说："我十五岁立志于学习；三十岁能够自立；四十岁能不被外界事物所迷惑；五十岁懂得了天命；六十岁能正确对待各种言论，不觉得不顺；七十岁能随心所欲而不越出规矩。"

在我们的数字编码中，15是鹦鹉，想象一只鹦鹉在学舌；30是三轮车，"三十而立"想象立在三轮车上；40是司令，"四十而不惑"想象司令满脸的问号被抹掉了；50是奥运五环，"五十而知天命"，想象奥运比赛下不下雨，要看天命；60是榴莲，"六十而耳顺"想象一个迷你的榴莲顺着耳朵划进去；70是冰淇淋，"七十而从心所欲不逾矩"，想象在一个矩形里面，随心所欲地吃冰淇淋。

再举一个身体定桩法的例子。曾子曰："吾日三省吾身：为人谋而不忠乎？与朋友交而不信乎？传不习乎？"

意思是，曾子说："我每天多次反省自己：替别人办事是否尽心竭力了呢？同朋友交往是否诚实可信呢？老师传授给我的知识是否复习了呢？"

我由"三省"想到三个身体的部位：大脑、嘴巴和手，于是用身体定桩法来联想。我想象曾子对着墙在反省自己，他的大脑里，想到他要给张艺谋送一个钟，他尽心竭力完成了；他的嘴巴舔了舔邮票并将其贴在给朋友的信上，这是他给朋友的忏悔坦白信；他的手上，拿着老师传授给他知识的笔记，他正在复习。

接下来，我再举两个字头歌诀法的案例，《子罕篇第九》里有一章："子绝四——毋意、毋必、毋固、毋我。"

意思是，孔子杜绝了四种弊病：没有主观猜疑，没有定要实现的期望，没有固执己见之举，没有自私之心。

这一句挑取字头是"毋意必固我"，谐音为"武夷必固我"，想象武夷山必定会固我中华。

再看《阳货篇第十七》里的句子：

子曰："由也，女闻六言六蔽矣乎？"对曰："未也。"

居，吾语女。好仁不好学，其蔽也愚；好知不好学，其蔽也荡；好信不好学，其蔽也贼；好直不好学，其蔽也绞；好勇不好学，其蔽也乱；好刚不好学，其蔽也狂。

意思是，孔子说："由呀，你听说过六种品德和六种弊病了吗？"子路回答说："没有。"

孔子说："坐下，我告诉你。爱好仁德而不爱好学习，它的弊病是受人愚弄；爱好智慧而不爱好学习，它的弊病是行为放荡；爱好诚信而不爱好学习，它的弊病是危害亲人；爱好直率却不爱好学习，它的弊病是说话尖刻；爱好勇敢却不爱好学习，它的弊病是导致混乱；爱好刚强却不爱好学习，它的弊病是狂妄自大。

这里后面有六句排比，将不一样的部分提取出来，就是"仁愚知荡信贼，直绞勇乱刚狂"，适当谐音之后，是"人鱼知当心贼，直角勇乱钢狂"，我想到的画面是美人鱼知道要当心贼，拿直角尺的勇士打乱了《钢琴狂响曲》

的曲谱。

关于使用记忆法的部分，就示范到这里。当我们将句子变成画面呈现在地点桩之后，接下来要做的就是尝试回忆，清理死角，把一些容易遗忘或者混淆的部分，用红笔画圈突出，或者再次联想编进刚才的画面里。熟背之后还需要科学复习，通过听录音、多次背诵、同学互测、尝试默写等方式，将这些内容脱口而出。

记忆整本国学经典，可以说是综合运用记忆法的练兵场，也能够让你腹有诗书气自华，说不定哪句经典，就会影响你的一生。

当然，一次性背完整本，你可能会很有压力，你可以每一个阶段挑战记完5篇，比如两周或者一个月内，这样压力就会小很多了。千里之行，始于足下，开始行动吧！

▌划重点

我来总结一下本节的内容。我以《论语》为例，讲解了背诵整本国学经典的方法，第一步是熟悉经典的内容，并且尝试记住目录；第二步是熟悉要背诵的篇章，通晓大意；第三步是尝试使用记忆法，这里举例讲解了锁链故事法、定桩记忆法和字头歌诀法，同时分享了按顺序记忆整本书的地点定桩策略；最后我们还需要清理死角并科学复习，达到脱口而出。

▌写作业

请尝试记住《论语》这两章的内容：

（1）子曰："君子食无求饱，居无求安，敏于事而慎于言，就有道而正焉，可谓好学也已。"

【译文】孔子说："君子，饮食不求饱足，居住不要求舒适，对工作勤劳敏捷，说话却小心谨慎，到有道的人那里去匡正自己，这样可以说是好学了。"

（2）孔子曰："君子有九思：视思明，听思聪，色思温，貌思恭，言思忠，事思敬，疑思问，忿思难，见得思义。"

【译文】孔子说："君子有九种要思考的事：看的时候，要思考看清与否；听的时候，要思考是否听清楚；自己的脸色，要思考是否温和；容貌要思考是否谦恭；言谈的时候，要思考是否忠诚；办事要思考是否谨慎严肃；遇到疑问，要思考是否应该向别人询问；忿怒时，要思考是否有后患；获取财利时，要思考是否合乎义的准则。"

*公众号"袁文魁"回复"ZY"，获取参考联想。

第九节 高效记忆文史知识和科学常识，让学习不再抓瞎

本节我将为大家讲解，如何运用记忆法记忆文史知识和科学常识，无论是学习语文、历史、物理、化学各种学科，还是作为一个热爱阅读和探索各种学问的"知识迷"，或者是要参加《一站到底》《芝麻开门》等知识竞赛，想要去记住琐碎而海量的百科知识，都需要记忆法发挥其用武之地。

我们先来看看文学常识。我从两个方面举例来讲解，一是作家的字、号等；二是作家或作品的合称。

一、作家的字、号

欧阳修，字永叔；李清照，号易安居士；白居易，字乐天，号香山居士。学习这些古代作家时，是不是经常会张冠李戴，字号难分。怎么办呢？

第一种方式，是理解记忆法，有些作家的名与字的意义相同或相近。例如，屈原，名平，字原，平、原意思相近。班固，字孟坚，固、坚是同义。杜甫，字子美，甫、子均为古代男子的美称。

第二种方式，是配对联想法，我们来看两个例子。王维，字摩诘，"摩诘"谐音想到魔戒，联想到国<u>王</u>用<u>魔戒（摩诘）</u>来维护自我的权利。当代著名教育家冯友兰，字芝生，想到冯巩在<u>游览（友兰）</u>名胜古迹，看到一个巨大的<u>灵芝</u>从景区<u>生</u>出来。

如果"字""号"一起记忆，可以按照顺序编故事，比如《爱莲说》的作者周敦颐，字茂叔，号濂溪。我会想到<u>周</u>杰伦蹲（<u>敦</u>）在颐和园里，和一个头

发很茂盛的叔叔，用镰（濂）刀在小溪里割水草。还有一些人可能没有"字"只有"号"，这时为了突出是"号"，也可以想象有一个"号子"的形象，比如李清照，号"易安居士"，想象李易峰一大清早（清照），戴着安全帽吹着号子叫醒了居士。

我们还可以把别称相近的放在一起记忆，比如常见的"先生"放在一起，编成一个歌诀一网打尽，比如下面这些：

梨洲先生：黄宗羲

五柳先生：陶渊明

船山先生：王夫之

明月先生：薛令之

白沙先生：陈献章

濂溪先生：周敦颐

国际记忆大师王雪冰编了一个歌诀：

梨洲总洗陶五柳，

船山王府薛令明，

白沙献章蹲濂溪。

二、作品或作家的合称

例1："临川四梦"为《牡丹亭》《紫钗记》《邯郸记》《南柯记》。

一般这类合称，不需要严格按照顺序记忆，我由"南柯"想到了柯南，编了一个故事如下：想象柯南光临四川的时候，做梦到邯郸去学步，摔倒在地，将紫钗扎中了牡丹盛开的亭子。

例2：老舍的代表作有《骆驼祥子》《四世同堂》《龙须沟》《茶馆》。

运用锁链故事法，想象老舍骑着骆驼，带着自己四世同堂的家族，到龙须沟的茶馆里喝茶。也可以用字头歌诀法：舍四骆龙茶，谐音想象是舍弃了四摞龙井茶。

例3：元曲四大家：关汉卿、白朴、郑光祖、马致远。

可以取字头组成"郑关白马"，想象一头镇守边关的白马，正在大喊"冤屈"。也可以编故事：关公亲了一匹马，致使它飞奔到远方，找到一位白发的朴素老头，赠给他一本书，让他光宗耀祖。

例4：建安七子：汉建安年间七位文学家的合称，包括孔融、陈琳、王粲、徐干、阮瑀、应玚、刘桢。

我们先将不易想到形象的转化为形象。孔融，想到"孔融让梨"；陈琳，想到成语"一木成林"；王粲，想到"王冠上璀璨的明珠"；徐干，谐音联想到"用胡须擦干"；阮瑀，谐音联想"软玉"；应玚（yáng），想到"应该养一养"；刘桢（zhēn），想到"留给甄嬛"。

我以孔融作为主角，想象一个故事：拿着梨子的孔融，走到一棵树变成的树林里，找到一个王冠并取下璀璨的明珠，用胡须擦干净上面的尘土，捏了捏发现是一块软玉，觉得应该把它养一养，留给甄嬛。

（学员 苏悦 绘图）

接下来，我们看一看历史知识，很多学生都感叹："不学历史，不知道记忆力差"。我从两个方面举例来讲解：一是历史事件时间的记忆；二是历史事件内容或意义的记忆。

一、历史事件时间的记忆

历史事件的时间，就像是地球上的经纬度一样，是历史事件发生最重要的因素之一，孤立于时间来谈事件，无亦于空中楼阁。那如何记忆呢？

（1）**发现规律法**。有一些是按顺序排列的，比如1234年蒙古灭金；有的是重复的，比如222年吴国建立；还有的是对称的，比如616年瓦岗军起义。

（2）**形象联想法**。把数字通过谐音、形状等方式联想成形象，再与历史事件进行配对联想。比如，208年赤壁之战，208谐音为"儿领爸"，想象儿领爸去看电影《赤壁》。又比如，1662年郑成功收复台湾，1662谐音为"一溜溜儿"，想象郑成功一溜溜儿抵达台湾，很快就把台湾收复了。

（3）**歌诀串记法**。比如新中国成立以来的部分重大科技成就：

1957年，武汉长江大桥；1964年和1967年，第一颗原子弹和第一颗氢弹；1965年，世界首次人工合成蛋白质—牛胰岛素；1970年，第一颗人造卫星：东方红一号。

我把数字适当谐音后，编成了一个歌诀：雾起（57）武汉修大桥，扭起（67）螺丝（64）炸两弹；牛屋（65）产牛胰岛素，麒麟（70）唱起东方红。

二、历史事件内容或意义的记忆

历史涉及的内容，相对而言比较庞杂，对于知识点较多的，我们可以尝试以下三种方式：

（1）**浓缩记忆法，抓住历史知识的主要内容，提取出关键字，把繁多的识记材料加以凝练、压缩进行记忆**。比如，袁世凯的复辟帝制活动的内容：1913年强迫国会选举他为正式大总统，解散国民党，次年又解散国会。废《临时约法》改为《中华民国约法》；改内阁制为总统制；改总统选举法。就可以总结为：一转正、两解散、三修改。

（2）**歌诀记忆法，挑取字头或关键信息编成歌诀**。比如，秦朝加强巩固统一的措施：①经济方面：统一度量衡、货币和车轨；修建驰道；开通灵渠。

②文化方面：统一文字。③军事方面：修筑抵御匈奴的长城，进行大规模移民。④法律方面：颁布通行全国的秦律。我编成这样一个歌诀：度量货车字秦律，驰道灵渠筑长城。

（3）结合定桩记忆法，也可以用图示来呈现。我举一个例子。

斯大林模式的特点：

（1）优先发展重工业，资金来源于农业和轻工业。

（2）推行农业集体化运动，以摆脱粮食供应困难。

（3）实行单一的公有制和高度集中的计划经济。

（4）独立于资本主义世界市场之外的经济体系。

请看我画的这张图示，"重工业"我想到"重如泰山"，就画了一座山，"轻工业"由"轻如鸿毛"联想到羽毛，在山的右边画了一个羽毛，羽毛画的一个农田，代表"农业"，农田里挤满了农民，代表"农业集体化"，他们种田收获了粮食。在山的顶上，画了一只独立的金鸡，口里含着一本计划书，代表"实行单一的公有制和高度集中的计划经济"。在山的左边，我画了一个地球，上面写着美元的符号，代表"独立于资本主义世界市场之外的经济体系"。通过这张以山的不同方位来定位的图示，可以帮助我很好地将知识点记住。

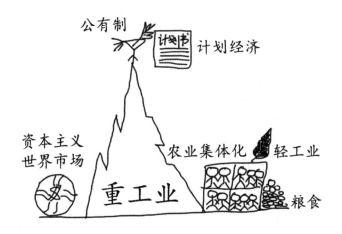

最后，我们来看看科学常识，很多小学都会开设科学课，有些省市在初中也会开设科学课，综合了物理、化学、生物、自然地理四门课的内容，我在这里分三类来举例。

第一类是人物的贡献，比如：

（1）孟德尔被人们称为现代遗传学之父。

（2）法拉第发现电磁感应定律。

（3）北宋的沈括在《梦溪笔谈》中阐述了关于地球演变、地质变化的精辟见解。

这类知识，一般需要使用形象记忆法和配对联想法，比如"孟德尔"，由"孟德"想到曹操，他字"孟德"，联想曹操生了一个儿子，遗传了他的文学才华。"法拉第"联想到开着法拉利汽车的弟弟，他的车是安装的电池。"沈括"想到沈腾在一个大括号里睡觉做梦，梦到小溪里拿着笔和别人谈话，突然发生了地震引起了地质变化。

第二类是科学小结论，比如：

（1）细菌的三种基本形态是杆菌、球菌、螺旋菌。

用字头歌诀法记忆：球杆螺旋。

（2）动物从低等到高等的进化顺序为原生动物门、腔肠动物门、扁形动物门、线形动物门、环节动物门、软体动物门、节肢动物门、棘皮动物门、脊索动物门。

可以用锁链故事法：想象草原上生出了一个奇怪的动物，从腔门里吸收食物，将它们压扁后，从中抽出一条线，将它绕成一个环，这个环很软很软，缠住了动物的四肢，让它全身起了鸡皮（棘皮）疙瘩，脊椎像被锁住了一样不得动弹。

（3）常见的金属单质为钠、镁、铝、锌、铜、钾、钙、铁、钨、汞、钡。

谐音编成歌诀为：那美女心痛，加盖铁蜈蚣被。

第三类是理科的公式。一般来说，用理解记忆会更好，实在很难理解的，也可以进行趣味联想。比如焦耳定律：$Q=I^2 \times Rt$，电流通过导体产生的热量跟电流的二次方成正比，跟导体的电阻成正比，跟通电的时间成正比。这个公式可以发挥联想趣味记忆：想象耳朵烧焦的阿Q说："我（I）爱（2）人头（Rt）！"

划重点

我来总结一下本节的内容。我今天主要讲了文学、历史、科学三个领域的知识如何记忆，文学常识从作家的字、号以及作家或作品的合称来讲解；历史常识，从历史事件的时间和历史事件内容或意义两方面来举例；科学常识，从人物的贡献、科学小结论和理科的公式三个角度举例。想要灵活运用，关键要多练习，最终你会成为一个文理兼修的博学之士，应对考试也会更加轻松！

写作业

请尝试记住中国十大古典悲剧：

《窦娥冤》《赵氏孤儿》《汉宫秋》《琵琶记》《精忠旗》

《娇红记》《清忠谱》《长生殿》《雷峰塔》《桃花扇》

*公众号"袁文魁"回复"ZY"，获取参考联想。

第十节　灵活记忆各类题型，高效备考让考试背诵更简单

"考考考，老师的法宝，分分分，学生的命根。"考试是中国人的一项发明，早在夏商周时期便已经诞生，它是指通过书面、口头提问或实际操作等方式，考查参试者所掌握的知识和技能的活动。我们从小到大会面临各种各样的考试，有平时的月考、期中考、期末考，还有升学考试：小升初、中考、高考、考研，还有职位或资格考试，比如大家熟悉的公务员考试、司法考试、教师资格证考试等。

考试常见的题型有判断题、填空题、单选题、多选题、简答题、论述题、

材料分析题等。同一个知识点，用不同的题型来考核，我们使用的记忆方法会不一样。我就以最常见的五大类题型为例，分别讲解记忆的策略和技巧。

一、判断题

判断题只有一个题目和对错两种答案，是只有两个选项的单选题，相对来说比较简单。在我考过的考试里，判断题最多的是驾照科目一考试，记忆的策略是先刷题，凭自己掌握的知识来答题，如果答对的就不用管，答错的，如果是用App刷题，错题会进入错题集。接下来，可以查看解析，将自己判断错误之处找出来，基本就可以记住，部分难记的，可以使用形象记忆法来联想正确的部分。

以下三道题目，是经常会出错的：

第一题：机动车在道路上临时停车应当按顺行方向停车，车身距道路边缘不超过50厘米。

这道题目是错误的。正确的应该是不超过30厘米。这类考察具体的数字的题目，不能凭感觉，只能靠记忆。这里30谐音为"三菱"，想象一辆三菱牌汽车临时停车在路边。

第二题：机动车登记证书、号牌、行驶证灭失、丢失或者损毁的，机动车所有人应当向居住地车辆管理所申请。

这道题目也是错误的。正确的是应当向登记地车辆管理所申请，题目错在"居住地"，我就联想我居住在武汉，我的车是在长沙登记的，我要是行驶证丢了，就要跑到长沙去申请补证。

第三题：交通警察对未放置保险标志上道路行驶的车辆可依法扣留行驶证。

这道题目也是错误的。正确的是扣留车辆，不是扣留行驶证。想象我自己被警察拦下，他看到我没有保险标志，将我的车辆扣留了，我就打车回家了。

通过看正确答案，并且适当联想，基本上就可以判断正确了，再将这些你答错的题再刷一遍，有些可能还会再错一次，但一般错两次以上，你肯定就记住了。

二、单选题

单选题是几乎所有考试都会出现的一种题型，它的特点是一个问题只对应一个答案，我们在记忆时，不需要精准写出内容，只需要从选项中再认出来，所以记忆难度相对较小。单选题的记忆，简单的题目看看就知道答案了，刷过一遍题就可以屏蔽掉，如果是刷题时答错的，有容易混淆的选项的，可以列入错题集，然后尝试使用配对联想法，联想时只需要挑选选项中的关键字或词即可。

我们先来看一个公务员考试的单选题。

公务员的任用，坚持＿＿＿＿＿＿＿的原则。

A.勤能并重　　　　　　　　B.管理与监督并重

C.为才是用　　　　　　　　D.任人唯贤，德才兼备

这道题的答案是D：任人唯贤，德才兼备，我只要挑取里面的关键词"任"和"贤"，想到任贤齐，想象任贤齐饰演公务员，下次看到这个题目，就可以直接得出答案了。

再看一个四川绵阳市事业单位考试真题。

在2018年8月19日首个（　　　）即将来临之际，习近平总书记作出重要指示，强调：希望广大医务人员弘扬救死扶伤的人道主义精神，不断为增进人民健康作出新贡献。

A.中国医生节　　B.中国护士节　　C.中国医师节　　D.中国健康节

正确答案是C：中国医师节。看这道题时，只有A中国医生节是干扰项，如果平时错过一次，考试时就能答对。医生与医师的区别，在于医师是依法考取了资格证书，在相应机构注册了的医生。

如果要精准记住8月19日是"中国医师节"，可以这样来配对联想，将819谐音为"爸要酒"，爸要酒，喝大了，主任医师来抢救。

三、多选题

多选题是大家得分较低的一个题型，因为多选或少选一个答案都不得分，

有的考试错选还要倒扣分，所以要求你对该题准确选择。如果我们有考试复习的题库，在记忆时也可以不用精准记忆。对于多选题有两种记忆策略，一是"记少不记多"，比如，如果5个选项有4个是对的，记住那个不对的选项即可；二是挑选正确选项的关键字词，编成字头歌诀或者故事来进行记忆。

我们先来看看2019年考研政治的一道真题：

全面准确的理解和把握"一国"与"两制"的关系，应在坚持"一国"基础上，实现"两制"之间的和谐相处、相互促进。为此，必须做到（　　）

A.把利用国际有利条件和发挥港澳优势有机结合起来

B.把坚持"一国"原则和尊重"两制"差异有机结合起来

C.把维护中央权力和保障特别行政区高度自治权有机结合起来

D.把发挥祖国内地坚强后盾作用和提高港澳自身竞争力有机结合起来

答案是BCD，如果使用记少不记多的策略，看看A选项：把利用国际有利条件和发挥港澳优势有机结合起来，这里有"国际有利条件"，而"一国两制"是国内事务，这样记住就知道选BCD。

"记少不记多"是一种取巧方式，但很多考试可能不是考原题，有时候还是需要精准记忆，我们来看下面这个案例：

心理学里有哪些动机理论？

A.本能理论

B.驱力理论

C.诱因理论

D.认知失调理论

E.自我效能理论

这个题目的答案是ABCDE，如果用字头歌诀法，可以是"动机驱本认自诱"，谐音为"动机区本人自由"，想象在发动机的区域，本人可自由活动。挑取字头的风险在于，如果下次考试时，这里面故意出干扰项，比如"驱力"变成"驱动"，就有可能选错。

所以，也可以尝试进行更精准的记忆，使用锁链故事法。首先提取关键词：本能、驱力、诱因、认知失调、自我效能。选择题的标题"动机"谐音想到"冻鸡"，编一个故事：一只冻住的鸡（动机），趴在本子上让身体蓄能（本能），解冻后躯体充满力量（驱力），它被一只鹰诱惑离开了本子（诱因），走着走着因为认知失调而迷路了，只能通过大笑释放自我的能量（自我效能），吸引来救援人员。

如果能够精准地记忆知识点，以后这些知识以填空题或者简答题出现，也一样可以回答出来。

四、填空题

填空题有一题一空的，也有一题多空的。相比于选择题，填空题需要将答案完整的还原，对于记忆精准度的要求更高。

填空题的第一个难点，是答案较抽象，比如：第一个提出要使教育学成为科学，并把教育理论建立在伦理学和心理学基础之上的教育家是 赫尔巴特 。

在记忆时，要对"赫尔巴特"进行形象记忆，联想到"陈赫用耳朵牵着绳子拉着一巴士的特工"，接下来要阅读题干挑取关键词，与"赫尔巴特"联想，我想到的是"心理学"和"教育家"，想象刚才这件事让陈赫心里很受伤，一位教育家过来教他该怎么做。

填空题的第二个难点，是要填的空比较多，就变成了一种最简单的简答题了。比如：当代最具影响的德育模式有 认知模式 、 体谅模式 、 社会模仿模式 等。

这种情况下使用锁链故事法较多，编故事时也要加上题干，"德育"我会想到刘德华在教育学生，学生辨认知了时说成了其他昆虫，刘德华体谅了他，说："没关系！"社会人小猪佩奇也模仿他说："没关系！"

有些答案相对简单的，用字头歌诀法也可以，比如：教学策略的类型可分为 内容型 、 形式型 、 方法型 和 综合型 四种。

可以挑取字头"内形方综"，谐音为"内心放纵"，想象某培训机构的老师，在教学时又唱又跳，内心放纵，天性解放了！

五、简答题

填空题要填的空，一般在5个以内，有时候会抽察，简答题则需要全部回答出来，答对要点即可得分。要点少于5个的简答题，一般用锁链故事法或字头歌诀法就可以，这个和填空题类似，就不多举例，如果要点比较多，或者每个要点的内容较长，可以使用定桩联想法。

比如，我在考教师资格证时，有一道题目是这样的：

学生的学习兴趣如何激发与培养？

（1）建立积极的心理准备状态。

（2）处理好理想、动机、兴趣三者之间的关系。

（3）教师要不断改进教学方法，增强学生的学习兴趣。

（4）充分利用本学科的特点优势，激发学生的兴趣。

（5）兴趣要在第一课堂和第二课堂中共同培养。

（6）引导学生由间接兴趣向直接兴趣转化。

这道题目有6个点，每个点内容较多，我使用的是标题定桩法，从题目里挑取了"激发学习兴趣"六个字，分别转化成激光、头发、学校、演习、星星、趣多多饼干这六个桩子。接下来联想如下：

（1）激：激光。（积极的心理准备）激光射到心脏上，心脏积极地跳动着。

（2）发：头发。（理想、动机、兴趣）主持人李响看到发动机就兴奋，玩的时候不小心头发被卷进发动机里了。

（3）学：学校。（教学方法）方丈法海大师到学校里去教学。

（4）习：演习。（学科的特点）体育学科的课代表参加军事演习，身上被仿真枪打了很多点。

（5）兴：星星。（第一课堂和第二课堂）星星射穿了第一课堂的黑板，进入第二课堂。

（6）趣：趣多多饼干。（间接兴趣向直接兴趣转化）一个小朋友本来是对趣多多饼干的包装感兴趣，后来知道饼干的味道很好吃，就直接对饼干感兴趣了。

简答题在记忆时，当然还可以使用地点定桩、万物定桩、锁链故事、图示记忆等方法。如果顺序的改变不影响答案，也可以调整顺序。另外，在记忆时记住得分要点就可以，其他部分可以自由发挥，并不一定要一字不漏地记忆。

划重点

我来总结一下本节的内容。我通过各种题型演示如何灵活应对考试，具体有判断题、单选题、多选题、填空题、简答题。

判断题在刷题后，可对出错的重点记忆，使用形象记忆法联想正确的部分。

单选题，简单的可以刷题就过，易错的使用配对联想法。

多选题，可以"记少不记多"，或者使用歌诀记忆法、锁链故事法等记住正确选项。

填空题，一个空的可将题干与答案配对联想，多个空的需要使用歌诀记忆法、锁链故事法等。

简答题，除了使用歌诀记忆法、锁链故事法，对于答案较多且每一条较复杂的，可以使用定桩记忆法。

本章作业

下面一道简答题，请使用你认为合适的方法来记忆。

如何激发学生的学习动机？

（1）创设问题情境，实施启发式教学。

（2）设置合适的目标。

（3）表达明确的期望。

（4）根据作业难度，恰当控制动机水平。

（5）充分利用反馈信息，妥善进行奖惩。

（6）正确指导结果归因，促使学生继续努力。

（7）对学生进行竞争教育，适当开展学习竞争。

*公众号"袁文魁"回复"ZY"，获取参考联想。

第十一节　快速掌握同事朋友基本信息，让职场生活左右逢源

在工作和生活中，记忆好是一种怎样的体验？武汉大学的王怀民老师，在刚去文学院就职时，书记带着他去了20多个办公室，依次介绍每位同事的姓名和职务，他下次见到全部都能叫出来，很快就融入了新的环境。我的爱人晓雪老师，曾经是一家地产销售公司的老板，她有一次一起面试15位销售人员，他们自我介绍了一圈，她把所有人的名字、籍贯以及工作经历都脱口而出，让员工们很震惊。

我们经常要和各种人打交道，试想一下，如果你作为公司的底层员工，有一位只见过你一面的中高层，见到你时将你的名字喊出来，还说出你的家乡和生日，你会不会很感动？再想一下，如果同一家公司有两名销售人员想卖给你产品，一位和你见面之后，连你的名字都喊错了，而另一位则对你的兴趣爱好等如数家珍，你会找谁买产品呢？答案肯定是后者。记忆力好会和"用心"画上等号，而"用心"是人际关系的强心剂，所以记忆力是让你笑傲职场的必备技能。

如何快速地记忆同事、朋友还有客户的基本信息呢？

首先，我们要有一定要记住的动机。我偶尔会参加一些沙龙和课程，但有时候我会想："可能这辈子都不会再见了，别人自我介绍时听听就好了。"这种心态就会让我记不住。但是假如我是一个优秀的业务员，在场的人都有可能是目标客户，想要记住的动力就会更强大！

其次，要学会用心地倾听，并且能够找到共同点，或者想象出画面来。比如和一位新同事聊天，可以聊聊过去读过的学校，住过的地方，兴趣与特长等，比如小张说："我是湖北大学毕业的。"我就会接上话："我妹妹也是湖北大学毕业的，你们是校友呢！"小李说："我住在武昌积玉桥。"我会想到积玉桥在武汉的位置，想到我以前一位朋友住过的地方，并说："我有个朋友以前在积玉桥某某小区，是不是离你们不远呀？"这样经过联想加工的信息就

记得牢。

再次，在聊天过程中多次重复，不确定的可以再确认。比如别人的名字，可以在后面交流中多提及，我看过一期综艺节目《吐槽大会》，一位吐槽嘉宾说："正如刚才这位（指着他）所说的……"这种感觉就让被指的人非常尴尬，如果我们换成："正如刚才李诞老师所说的……"别人听了就会非常舒服，而我们多次重复也就记住了。

最后，结束交谈之后及时整理资料，好记性不如烂笔头。如果有交换名片，就在名片后面写下你了解到的信息，你还可以在电脑上用Excel做一个"职场人脉清单"，在清单里列出来：姓名、见面的时间地点、名片上的所有信息，以及在交流过程中获得的信息：职称、学历、生日、专长、兴趣、家庭住址等。

这些步骤完成后，我们平时还可以经常拿出来复习，回忆当时见面的场景。另外，在下一次要见面之前，可以再次复习这些信息，以便在交流时不经意地提及。注意，一定不要当成是课文来背诵。有个记忆爱好者每次和我联系，都会把他掌握的关于我的资料说上20分钟，我曾经在哪个视频里说过什么话，我是哪一年考上记忆大师的，我的老师是谁，我妹妹叫什么，她做什么的，这让我感觉很恐怖，感觉他像是查户口的。

我们在聊天时，可以不要这样刻意，而是不经意间秀记忆力。比如："张姐，您上次见面提到有本书叫《记忆魔法师》，我专门买来看了看，对我的记忆力帮助真大呢！""李总，我们上个月18号时在见鹿书店见面的那次，您说孩子身体有一些不舒服，现在孩子好一些了吗？""李欣，我记得你生日是后天吧，你上次说你特别想吃马卡龙，我今天正好路过，给你带了一份，祝你生日快乐！"

通过多次这样的交往，把同事或客户当成朋友相处，他能够体会到你的用心，以后要向别人介绍产品，或者工作里要找他帮忙，就会更加容易一些，将心比心嘛，谁会跟"用心"的人过不去呢？

上面介绍的是基础版本的职场记忆技巧，没有学过记忆法的也可以使用，如果要记忆的信息更多而且更复杂，就得要记忆法派上用场了。我把基本信息大致分为以下几类，分类来讲解。

第一类是生辰相关的信息。包括出生年月日、生肖、星座等，一般年轻人互相会问："你是哪一年的？你是什么星座？"年纪偏大一点的会问："你是属什么的？"如果是想走得更近的，就会记住别人的生日是几月几日，在生日时送上祝福。最难记的就是出生年月日了，我来举两个例子说明一下。

毛泽东主席的生日是1893年12月26日，我联想到武汉大学是1893年创办的，而12月26日是圣诞节后一天，正好这一天也是我妈妈的生日。联想到熟悉的数字，是其中一种记忆方法。

再举一个我孩子的生日，她是2017年6月23日出生的，如果用数字编码来联想，17是仪器（酒精灯），6是勺子，23是和尚，想象我家宝宝手里拿着酒精灯，将勺子烧热放在和尚头上，和尚就会"啊"地叫一声。通过情境故事法就可以记住生日了！

第二类是地域相关的信息。比如籍贯，现在住哪个城市，家住在哪个区的哪个小区等。对于熟悉的地方，可以想象出相应的形象，包括代表性的建筑、人物、特产等，比如长沙就想到臭豆腐或者橘子洲，武汉可以想到黄鹤楼或者长江大桥，对于抽象的地名，可以用形象记忆法进行转化，再和人物进行配对联想。比如，李晓是湖南怀化人，现在住在武汉岳家嘴地铁站附近，想象李晓站在湖的南面，怀里有根冰棍化了，小岳岳张开嘴接住了。

第三类是工作相关的信息。比如做什么行业，在哪家公司，担任什么职位，是怎样的职称，有哪些工作成就等。2018年我在武汉参加一个创业CEO训练营，需要记住很多同学的信息。比如郑昌军，武汉敢为科技有限公司市场总监，我联想正宗的武昌军队（郑昌军），敢作敢为打响了武昌起义的第一枪，整个集贸市场都乱成了一团。再比如，龚红波，武汉市璟挚科技有限公司CEO，主要做少儿兴趣教育培训机构招生管理平台"雷小锋"，我会这样联想："璟挚"谐音为"颈子"，想象工人在红色波浪里（龚红波）洗颈子，雷锋叫来了一群兴趣爱好广泛的少儿，请他们免费为他画画、唱歌。

第四类是个人喜好的信息。我的面授课程的第一环节，一般会让学员用思维导图分别收集6位同学的信息，包括这位同学最喜欢的食物，最喜欢的电影，最喜欢的书籍，最喜欢的明星等，然后让他们边收集边记忆。这类信息相对而言比较形象，但可能比较杂，我可能会借用地点法或故事法。比如王强最喜欢的电影是《叶问》，最喜欢看的书籍是《生命的重建》，最喜欢的活动是滑雪，可以依次转成形象放在地点桩，也可以联想串成故事，想象叶问的雕塑被滑雪者撞倒了，景区的工作人员又重新建了一个。

第五类是联系方式的信息。包括手机号码、QQ号码、邮箱号、微信号等，这些一般在名片上有，或者会直接存在通讯录里，大部分人不会刻意去记忆。《楚天都市报》曾经有一篇报道，一名男子赴约会时手机没电了，想打公用电话却发现不记得女友号码，回去充好电再打时就被甩了，因为谈了一年的恋爱，居然没有记住号码，女友认为他对她肯定不是真爱。试想一下，约重要的客户见面，或者是处于危险之地，突然发现手机丢失了，此时电话号码都没有记住，可能我们就会损失惨重，甚至有生命危险。

记忆电话号码有三种方式：

（1）**谐音法**。比如我曾用过的电话号码13971125917，谐音为："一生就娶一，要爱我，就一起！"求婚时用这个，是不是很棒？

（2）**组块故事法**。将电话拆分成我们熟悉的数字，比如生日、车牌号、常见电话、谐音和数字编码等，然后将其编成一个故事来记忆。假设李思的电话是13011974214，前面的1可以不用记，119想到了火警，214想到情人节，30的编码是"三轮车"，74的编码是"骑士"，编成故事：李思坐的三轮车着火了，她拨打了119火警，来的消防员是一个帅气的骑士，为报答救命之恩，他们开始在情人节约会。

（3）**编码故事法**。直接将电话里的数字，分别转化成数字编码，再使用锁链故事法来进行记忆。比如塑胶厂老板娘刘桂花的电话13824931729，开头的1不用记，后面的编码分别是38妇女，24闹钟，93旧伞，17仪器，29恶囚。想象塑胶厂的桂花树下，一个妇女听到闹钟响了，打起了旧伞去检修仪器，修好后让恶囚帮忙搬回家。

上面讲到的这五类信息比较常见，记忆也相对有些难度，1对1单独交流我们也能够应付，但有些场合，比如公司开新员工见面会，或者参加沙龙、课程活动，每个人都要自我介绍一番，这就需要我们使用地点定桩法来协助了，给每个人指定一个房间，这个人相关的信息，我们就分别存放在这个房间的不同地点上，这样在提取时就不会混乱，当然这个需要多加训练。多参加线下社交活动，运用今天所学的方法，赶紧训练一下自己吧，让自己成为记忆达人！

划重点

我来总结一下本节的内容。首先我讲到快速地记忆同事、朋友还有客户的基本信息的步骤：

（1）我们要有一定要记住的动机。

（2）要学会用心地倾听，并且能够找到共同点，或者想象出画面来。

（3）在聊天过程中多次重复，不确定的可再确认。

（4）结束交谈后及时整理资料，好记性不如烂笔头。

接下来，我把基本信息大致分为以下几类：生辰相关的信息、地域相关的信息、工作相关的信息、个人喜好的信息、联系方式的信息，我分别介绍了不同的记忆方法，希望你能够尝试把这些方法用起来！

写作业

1.请记忆以下朋友的基本信息。

（1）李扬，巨蟹座，1989年出生，湖北宜昌人，职业是讲师。

（2）张军，属牛，9月28日出生，定居山东青岛，喜欢花艺。

*公众号"袁文魁"回复"ZY"，获取参考联想。

第十二节　奠定基础的5种记忆游戏，陪孩子一起玩转记忆力

有些朋友学习记忆法是为了教自己的孩子，有人问我："我家孩子才读幼儿园，你教的这些它还用不了，该怎么办呢？"也有些读者的孩子读小学低年级，可能有些内容理解起来有些吃力。这节课呢，我就为大家推荐适合3~9岁孩子的5种亲子记忆游戏，可以奠定孩子的记忆法基础。

在学习之前，我先简单介绍一下孩子记忆力发展的阶段特点，这部分内容参考了中科院尹文刚教授的书籍，尹教授是我在中科院心理所学习"发展与教育心理学高级研修班"的老师之一。

3~4岁的儿童，以无意识记忆为主，有意识记忆开始发展，记忆的内容以形象的具体事物为主。儿童这时的听觉记忆也有了明显的发展，对于节奏和韵律感强的诗歌一类的东西他们很容易记住。

4~5岁的儿童，可以按照成人的要求，有目的地去记忆一些内容，还能够给自己定下记忆的目标。此时儿童的语词方面的记忆已有了较大的发展，以分类为基础的逻辑记忆也开始萌芽。

6~9岁的儿童，他们开始学会使用一些记忆技巧，并用逻辑记忆的方式来帮助记忆。从记忆的内容上看，形象记忆和语词记忆在数量上已相差不多，儿童可以一次回忆起给他们看过的物品中的7个，15个字词中的5~6个。这时儿童有意识记忆的效果明显强于无意识记忆。他们可以主动地有意识地控制和监督自己的记忆行为。

基于以上的发展特点，同样的游戏，在孩子的不同阶段可以有不同的玩法，我先来介绍一下这五个游戏。

游戏一：找朋友

游戏道具：识图卡片，也可以用玩具、果蔬、生活用品等实物。

游戏玩法：将识图卡片随机分组，每两张为一组，它们就是彼此的好朋友。家长引导孩子快速进行配对联想，所有组别联想完毕之后，可以将图片打

乱，随机抽出一张，让孩子找到它的好朋友，然后依次找到所有配对的卡片。刚开始可以从6组开始，随着孩子能力的提升，慢慢增加组数到7组、8组甚至10组、20组。

我来示范一下。请看右边的图片，这是我随机摆好的六组。我的孩子才2岁半，我引导她时是这样说的："宝贝，我们来玩一个游戏吧，这些卡片太孤单了，他们想找到一个好朋友。你看，天鹅找到了镜子做好朋友，天鹅照着镜子，镜子夸奖天鹅：'你可真美呀！'

"再看看，闹钟找到了电动车做好朋友，闹钟骑上了电动车出去玩啦，一路上它开心得叮铃铃在响。

"再看看这两个是谁？（公共汽车、被子）好，现在冬天了，公共汽车在路上被风刮得好冷，我们给它盖上暖和的被子，好不好？（好）

"哇，又来了一对好朋友，是南瓜和鸭子，你是不是也有一个这样的鸭子呀？鸭子咬了一口大南瓜，好香啊！

"快看，我手里又是什么呢？（衣服、老鼠）这个老鼠的毛是灰色的，是不是有点难看呀？给它穿一件花衣服，它就变成漂亮老鼠啦！

"最后一对好朋友，是鹿和苹果，鹿头上是不是有角呀？用鹿角顶到树上的苹果，就可以把苹果摘下来啦！

"好啦，风要来啦，好朋友们要被吹散了，我们最后再看看他们吧。天鹅的好朋友是镜子，闹钟的好朋友是电动车，公共汽车的好朋友是被子，南瓜的好朋友是鸭子，衣服的好

朋友是老鼠，鹿的好朋友是苹果。好啦，风来啦，他们都混在一起啦！

"宝贝，请你帮'衣服'找到它的好朋友吧。哇，好棒，是老鼠呢！那你再找到"镜子"的好朋友吧？是鸭子吗？再开动脑筋想一想，镜子夸谁漂亮呢？对啦，是天鹅，你记忆力可真好……"

我就示范这么多了。玩的时候要注意，孩子没有想起来或者想错了，要耐心地引导，不能指责批评，当孩子正确时，给予及时的鼓励。如果6组对孩子来说太难了，可适当减少。3~4岁的孩子以家长引导联想为主，5~9岁可让孩子联想记忆，游戏结束后让他分享他的联想方法，家长觉得不好的，可以说："我也有一个想法，和你分享一下……"或者说："孩子，你看看这样想会不会更好一点？"

游戏二：故事接龙

游戏道具：识图卡片，也可以用玩具、果蔬、生活用品等实物。

游戏玩法：将识图卡片随机挑出至少9张，最好是有不同种类的东西，比如有动物、植物、生活用品、交通工具、人物等，然后可以按照3×3的形式排列，家长编一个故事将卡片按顺序串起来，讲给孩子听完一遍之后，依次报出每张卡片的名称，并将卡片反过来或者打乱顺序。

考核的方式，对于3~4岁的孩子，可以家长说哪张卡片，让孩子把那张翻过来，或者随机挑一张，让他说下一张是什么。对于4~5岁的孩子，家长可以尝试把图片顺序全打乱，让孩子按顺序摆出来。对于6~9岁的孩子，则可以让孩子尝试口述出卡片的顺序，家长来进行核对。

我以右边的卡片为例，来分享如何编故

事，这些卡片分别是：沙发、狗、冰激凌、围巾、杯子、猪、自行车、兔子、花。故事是这样的：在一个蓝色的沙发下，一只白色的狗伸出了头，狗用舌头在舔冰激凌，冰激凌滴在了围巾上面，围巾缠住了一个杯子，一拉，杯子掉在了地上，"砰"的声音吓了小猪一跳，它跳上了自行车，去追一只小兔子，小兔子躲到了花的后面。

家长给孩子编故事，要注意不能太血腥暴力，可以适当地发挥想象力，让一些静物也动起来，并且适当夸张一点。从孩子3岁开始，家长可以边讲边引导孩子往后编，比如："猪和自行车发生了什么故事呢？""接下来是花，和花会发生些什么呢？"这样就可以启发孩子主动思考。等孩子6岁以后，可以尝试自己编故事，卡片的张数可以从少量开始，慢慢增加到10张、15张、20张。

游戏三：玩具躲猫猫

游戏道具：各种玩具，也可以用其他物品或者识图卡片代替。

游戏玩法：选择几样玩具，把它们依次放在家里不同的地方，每放一个，都用语言说出如何更好地联想，所有玩具都摆放完毕之后，让孩子再最后看一次，然后迅速将玩具收起来，请孩子把这些玩具藏在刚才它们躲猫猫的地方。

请看右边的图片，我挑选的玩具都是动物玩偶，难度相对较大，在联想时可以找到动物的特征。

熊猫躲在窗帘后面，想象熊猫把窗帘当成竹子，正在掰着吃呢。

猴子在枕头上面，猴子的屁股是红的，和枕头一样红。

小白兔在抽屉里，想象小白兔用龅牙在啃着抽屉。

老虎躲在了门后，想象老虎用爪子抓门，门上留下爪印。

小青蛙在盆栽上，想象青蛙在盆栽的绿叶上蹦蹦跳跳。

恐龙在椅子上，想象恐龙对着椅子在喷火，椅子烧着了。

联想完了，就可以让孩子尝试回忆并归位了。这个游戏，我给4~6岁的孩子做的时候，第一次挑战10个，他们都可以记住。如果是7岁以上的孩子，可以用卡片来做，并且让孩子自己来联想。之后可以尝试难度更高的一种挑战，就是先记住这个房间的一些躲藏点，然后在另一个房间里告诉孩子，每张卡片要躲在哪里，孩子凭借想象来记忆，然后去真实的房间里摆放卡片。这个游戏主要训练地点定桩法，可以锻炼孩子的空间记忆能力和图像联想能力。

游戏四：火眼金睛

游戏道具：一个橱窗或桌子，以及若干物品。

游戏玩法：在家里选择一个特定的区域，比如橱窗或者桌子，在里面布置一些东西，让孩子观察并记住，接下来家长做一些微调，包括增加一些东西，减少一些东西，变换东西的位置，改变东西的形状等，然后让孩子能够找出有哪些变化。

右面的图片里是我的搭档向慧老师陪自己的女儿玩的，可以明显感觉到不同之处——小轮胎和透明摆件换了位置，另外时钟的秒钟也在不同的位置上。

这个记忆游戏需要超强的观察力和形象记忆力，可以培养孩子的细心和敏感。随着练习不断进行，难度可以逐步升级，比如变动从大的、明显的到小的、容易忽视的，变动的数量可以增多，另外还可以计时来增加挑战的趣味性。《最强大脑》选手熊远芳挑战的《铜人茶馆》，就和这个游戏的原理差不多。

游戏五：复制双胞胎

游戏道具：积木、乐高、七巧板等都可以。

游戏玩法： 准备两份一样的积木堆，父母用一堆积木摆出一个造型，给孩子时间来观察并记忆，然后让孩子用另一堆积木复制出父母的造型。

右面的图片也是向慧老师提供的，这个游戏的目的是训练观察记忆力、形象记忆力和空间记忆力。

我们可以这样来升级游戏的难度：

一是增加积木的块数；二是让积木有不同的颜色；三是限制孩子记忆以及拼图的时间；四是增加造型的复杂程度。

划重点

我来总结一下本节的内容。我分享了孩子记忆力发展的阶段特点，同时分享了适合3~9岁孩子玩的记忆游戏，分别是找朋友、故事接龙、玩具躲猫猫、火眼金睛、复制双胞胎，这些游戏会训练孩子的观察记忆、形象记忆、配对记忆、定桩记忆、故事记忆等能力，可以为孩子长大以后系统学习记忆法打好基础，赶紧陪孩子玩起来吧！

写作业

下面的这九张卡片，如果你要引导孩子玩"故事接龙"，你会编一个怎样的故事呢？请将故事写下来。

*公众号"袁文魁"回复"ZY"，获取参考联想。

彩蛋3 减压疗法：用冥想给大脑做个SPA，激活大脑潜能

我将为大家分享如何用冥想为大脑做个SPA，为大脑放松减压的同时，还能够激活大脑潜能。科学研究发现，冥想的好处特别多，比如可以改变大脑结构，增强保持专注的能力，提升记忆力和创造力，培养持久的情绪控制能力，培养慈悲心，减轻身体的痛苦，减少焦虑与紧张，让我们更加平和喜悦。

瑜伽大师拉玛在《冥想》这本书里说："冥想能帮助我们理解意念的所有功能：记忆、专注、情绪、推理、直觉。练习者会开始懂得如何协调、平衡和提高这些能力，并将自己的潜力发挥到极限。"正因为如此，冥想是可以为大脑赋能的。

很多明星也都热衷冥想，曾经陷入焦虑的施瓦辛格在练习冥想一年后说："通过冥想，我的焦虑感不仅消失了，我的情绪也比之前更稳定。直到今天，我仍然从冥想中获益。"全球对冲基金巨头Ray Dalio坚持冥想42年，他说："冥想是帮助我成功的最重要因素。"除此之外，乔布斯、希拉里、科比、林志玲、何炅、陈坤、吴彦祖、乐嘉等人，都是冥想爱好者。

冥想包括很多种类，定义也不一样，这里我分享我的一种理解：冥想是一种改变意识的形式，它通过获得深度的宁静状态而增强自我认知，达到良好状态，它并不是什么都不思考，而是专注于你想专注的事情，让你能够保持知觉，活在当下。

我主要练习的冥想叫作"正念冥想"，我将其运用于记忆教学和训练比赛选手有几年时间了，我曾师从美国卡巴金博士和中国台湾的温宗堃老师学习"正念冥想"。卡巴金博士是把东方的"正念"引入西方医学领域的第一人，"正念"的要点，就是刻意地集中注意力，将全部精力集中于此时此地。

关于理论，我就不多讲解，主要以体验为主。我今天引导大家做两个基础的正念冥想，分别是身体扫描冥想和正念感知冥想，引导语参考了《正念冥想：遇见更好的自己》和《正念：专注内心思考的艺术》这两本书。

请扫码领取我录制的冥想课程，跟着我的声音一起做：

扫码领取课程

一、身体扫描冥想

做身体扫描冥想前，请你找一个安静的房间，脱掉鞋子躺在床上或垫子上，将身上紧绷的衣服松开，然后盖上一个薄毯子，以免做冥想时睡着。双手可以放在身体两边，两腿自然分开。

现在请闭上你的眼睛，轻柔地呼吸，用鼻子吸气，用嘴巴吐气，感觉到自己的胸部和腹部挺起又落下，随着你的每一次深呼吸，感觉自己的身体往床或垫子里多沉入一点点。

现在，将你的意识专注在左脚的脚趾，感受一下，它们是温暖的还是凉爽的？你能否感觉到它们与袜子的接触？有没有一些刺痛酸麻的感觉？然后，将你的意识扩展到脚底，脚的侧部和上部，以及脚踝，去感受它们此时的感觉。

接下来，怀着柔和、仁爱、好奇的心态，将意识带到左腿的小腿、膝盖和大腿，注意腿的两侧都要照顾到，去体验一下，左腿和右腿的感觉有何不同。然后，我们将注意力放在右腿，从脚趾到大腿，按照刚才的顺序来感受一遍。

接下来，感知到自己的骨盆、臀部、髋部，深呼吸一口气，想象这些部位充满了营养充足的氧气。然后，将气息向上移动，到达躯干的下部、肚子的下部和背，当呼入和呼出气息时，注意一下腹部下方的运动状态，注意一下你感受到的任何情绪。

接下来，将你的注意力集中到胸部和脊背的上部。当你呼入和呼出气息时，感受一下你的胸腔挺起又收缩的状态，感受一下你的心脏跳动的状态，想象有一股暖流在心间流淌。

现在转向双臂，从左臂的手指开始，依次感受手掌、手腕、手背和手的两侧，然后达到小臂、手肘、上臂、左肩，然后右手重复这样的过程。

接下来，聚焦到自己的颈部，然后将注意力投入你的下颚，观察一下它是否处于紧张状态。然后，依次感受一下自己的嘴唇、嘴巴内部、面颊、鼻子、眼睛、前额等部位，最后到达头顶。

拿出充足的时间，用正念的方法专注于每一个部位，以开放的心态、好奇心和温暖的情感，去感受身体激发的每一种感觉。然后，花几分钟时间，去感知整个身体已融为一体，注意一呼一吸之间身体的律动，然后慢慢退出冥想，细细体味在冥想中的感受。

在做身体扫描冥想时，如果出现走神的情况，只需要轻柔地把自己拉回来，不要指责批评自己。如果在冥想时，身体某些部位有不适感，应直面这种感觉，平和友善地对待它，就会发现它们不过是昙花一现。这个练习，时间长短可以自己控制，短则十分钟，长则一小时，重要的是，静心去与身体对话，感受身体的感觉，让我们能够将意识拉回当下，活出生命的美好！

二、正念感知冥想

请大家看下面的文字，自己照着来做。

冥想前我们需要找一个安静的地方，在一把舒适的椅子上坐下，接下来我们按照下面的步骤来：

（1）保持我们脊椎的直立，双手轻轻放在大腿上面，双脚着地平放在地上，然后轻轻地闭上眼睛。

（2）放松你的身体，保持感官的敏锐，此时可以听听周围的声音，去感受它们的方向、音调、声色、节奏等，感受一下你的身体与椅子接触的感觉，以及手放在大腿上的感觉。

（3）现在专注于你的呼吸，吸气时用鼻子吸气，感受腹部的鼓起，吐气时用嘴巴吐气，感受腹部瘪下去，呼吸时也可以数数，比如吸气1——2——3，吐气1——2——3，随着练习的熟练，你也可以加长呼和吸的时间。

（4）在呼吸的时候如果走神，只需要觉察到自己走神了，然后轻轻地把思维带回到呼吸上来。接下来，深呼吸20次左右之后，我们进入正常的呼吸。

（5）大约5分钟之后，你可以慢慢睁开双眼，轻轻活动你的身体，重新观察这个世界。

这是非常简单的入门级冥想，刚开始每天只需要几分钟，慢慢适应之后，你可以延长时间直到几十分钟。

一般练习冥想，我们可以听别人的引导音频，目前市面上冥想的APP很多，你们可以选喜欢的使用；另一种方式，就是自己在心里面引导自己冥想，这种需要你先大致记住冥想引导词。

三、记忆赋能冥想

我平时也会自己创作一些冥想引导词，以达到特定的效果，比如我的《记忆魔法师》这本书里，有一个记忆宫殿的结业冥想，我将它改编成"记忆赋能冥想"，作为本节的收尾，请边听我的引导边跟着做。

　　请找一把椅子坐好，保持脊椎的正直，双手轻轻放在膝盖上，闭上眼睛，让心安静下来。做几次深呼吸，感觉全身越来越放松，越来越专注于你的内心世界。

　　现在想象你在一片大森林里行走，经过一条非常幽静的小路，来到一个非常漂亮的宫殿前，宫殿上方写着：记忆宫殿。你推开门走了进去，你的眼前有一条红地毯，你沿着它往前走，走上了三级台阶，记忆魔法师袁文魁过来迎接你，他对你说："恭喜你通过学习成为记忆魔法师，欢迎你来到记忆宫殿。"

　　你现在坐在宫殿的椅子上，记忆魔法师挥舞魔棒，撒出金色的记忆魔粉，金粉落在你的头顶上，渗透进你的大脑里，你感觉有一股股暖流涌入，大脑里堵塞的部分被打通，大脑神经产生很多新的连接。你感觉你的大脑就像灯泡被点亮了一样，你的记忆力、想象力、专注力都将越来越好。

　　记忆魔法师给你戴上"记忆王冠"，他对你说："接下来，我将告诉你一些句子，你可以跟着我一起默念，让它进入你的潜意识里。

　　我就是记忆魔法师，

　　我拥有超强的记忆力，

　　我可以轻松地记住任何知识，

　　我记得又好又快又牢。

　　我就是记忆大师，我就是最强大脑！"

　　把这些话默念完之后，记忆魔法师请你站起来，他带你来到"未来之镜"面前，现在你看到了一年之后的你自己，想象一下，当你拥有了超强的记忆力，你的学习、工作和生活会有怎样的变化？那时候的你是怎样的？穿着怎样的衣服？脸上有怎样的表情？正在做着什么事情？想象一下，有人对你竖起了大拇指，说："你的记忆力真棒！""你真是太厉害啦！"有人在为你鼓掌，有人给你送鲜花，你感觉到一种美滋滋的感觉，请深呼吸三次，把这种美好的感觉记在心里。

　　你在记忆宫殿的结业仪式结束了，记忆魔法师和你握手，并且和你拥抱，你感觉到一股更强大的能量涌入你的身体，感觉你的大脑能力又强大了好几倍。现在你和他挥手告别，走出记忆宫殿的大门，沿着小路慢慢往回走。

接下来，当我从1数到5的时候，请你慢慢睁开眼睛，把这次冥想中所有美好的感觉，都带到你的现实之中。在以后每一次面临记忆的挑战之前，你都可以闭上眼睛回到记忆宫殿，唤醒这种美好的感觉，你的记忆效率就会倍增，你就可以轻松记住你想要记住的知识，你就是最厉害的记忆魔法师！

划重点

我来总结一下本节的内容。我介绍了冥想的好处，并且带你做了两个正念冥想：身体扫描冥想和正念感知冥想，最后，我带你做了一个"记忆赋能冥想"，作为本节内容的收尾。

第四章

记忆大师篇

第一节　巧用故事法和定桩法，15分钟记忆100个词语

本节将进入进阶学习，了解认证记忆大师考级赛，并且学习随机词汇这个项目的训练技巧，让你也可以15分钟记住100个词汇，为我们记忆各种文字材料打好基础。

什么是"认证记忆大师"？它是世界记忆运动理事会颁发的记忆技能水平认证，达到标准即可获得相应等级的证书，一共有10级。相对来说，这是门槛较低的认证考级活动，基本上每个月都会有，具体考证资讯可在"世界脑力锦标赛"公众号查询。

考证的项目和世界记忆锦标赛一样，包括随机词汇、随机数字、随机扑克、人名头像、抽象图形等，图片呈现了10级的标准。

考试项目	认证记忆大师考级赛水平等级									
	1	2	3	4	5	6	7	8	9	10
15分钟随机词汇	20	25	30	40	50	60	70	80	90	100
15分钟随机数字		40	60	80	100	120	140	160	180	200
5分钟虚拟日期事件			6	8	10	12	14	16	18	20
5分钟快速数字				20	30	40	50	60	80	100
5分钟快速扑克					10	20	30	40	50	52
10分钟随机扑克						一整副	65张	1.5副	91张	两整副
听记数字							190	220	250	280
5分钟二进制								20	30	40
15分钟抽象图形									75	100
5分钟人名头像										20
备注	数字是各个级别需要达到的正确数量，成绩评定按照世界记忆锦标赛的评分标准。									

第1级只要求15分钟正确记忆20个词汇，第2级要求15分钟记忆25个词汇，15分钟记忆40个数字，越到后来，项目越多，要求越高。

在考级时，以你所有项目里最低级别的决定你最终的级别，比如你很多项目都达到了8级，但随机词汇只对了20分，你就只有1级。

随机词汇是其中非常基础也非常重要的项目。

随机词汇项目，要求在15分钟内记忆尽可能多的词汇，每张问卷纸有5列，每列有20个词语。当中大约有80%为形象名词，比如云朵、照片、桔子等，10%为抽象名词，10%为动词。提供的词语数量为世界纪录加百分之二十，截至2020年12月，世界纪录是15分钟记忆410个。

考级的计分方法是这样的：每列20个词语全部正确作答，每个词语将得1分。如果每列20个词语中有一处错误或空白，得10分。如果有两个及以上的错误或空白，得0分。如果每列20个词语中有错别字，就是出现偏旁部首或笔画的错误，则错几个扣几分。例如，把"斑马"写成为"班马"，"录像"写成了"录象"，"海鸥"写成了"海欧"，都只扣一分。

考级时可以自由选择记忆哪一列，如果一列中有一个记忆错误和一处错别字，则是先除以2，然后再减去写错别字的词语的分数，20除2得10分，再减去1，最后得9分。最终总分为每列分数的总和。

请看下面的比赛真题（本部分世界记忆锦标赛®赛事真题由亚太记忆运动理事会授权，欲获取更多相关信息，请登录世界记忆锦标赛®中文官网http://www.wmc-china.com），我们怎么来记忆呢？

1	飞机	21	报纸	41	斑马	61	开始	81	欢乐
2	大树	22	知道	42	手表	62	维他命	82	电梯
3	猪八戒	23	鲍鱼	43	飞机	63	股东	83	鸽子
4	投影仪	24	套头毛衣	44	教练	64	面包店	84	设备
5	和尚	25	恐龙	45	文具	65	大自然	85	器官
6	坦克	26	伞	46	坐浴盆	66	猫头鹰	86	估价
7	油漆	27	梯子	47	工作	67	海鸥	87	叉
8	酒瓶	28	退休	48	羊毛	68	姜	88	长炮
9	气球	29	石英	49	组织	69	走私	89	计算器
10	汽油	30	衣领	50	录像	70	打架	90	钢琴
11	河马	31	项链	51	苹果	71	舞蹈	91	鲑鱼
12	战舰	32	吸收	52	雨	72	熊猫	92	拇指
13	跑步者	33	车库	53	须	73	大号	93	骚乱
14	坚果	34	誓约	54	婴儿	74	金鱼	94	休育馆
15	游艇	35	格子饼	55	骑师	75	地铁	95	网站
16	风格	36	拉链	56	鼓槌	76	护士	96	空间
17	省略	37	头痛	57	骨	77	矛	97	树
18	喷水	38	虹膜	58	编辑	78	雪屋	98	音乐家
19	小猫	39	失业	59	资格	79	海象	99	文摘
20	羽毛	40	雨雪	60	行政人员	80	牙刷	100	花椰菜

可以采取锁链故事法来记忆。最强大脑选手、北大学生倪梓强曾是这个项目的中国纪录保持者，他就是每一列20个词语编一个故事，我们编故事能力不够强时，可以从10个词语开始。

比如前面的10个词语是：飞机、大树、猪八戒、投影仪、和尚、坦克、油漆、酒瓶、气球、汽油。我们可以用图像锁链法来记忆：飞机起飞时撞到了大树的树干，大树倒下来压住了猪八戒，猪八戒拿着钉耙砸向了投影仪，投影仪射出强光照向和尚的眼睛，和尚用棒子撬起了坦克，坦克射出炮弹打中了油漆，油漆飞溅到酒瓶上面，酒瓶里的酒泼出来射破了气球，气球爆炸点燃了汽油桶，火光漫天。

（学员 贾钰茹 绘图）

另外，我们也可以用情境故事法来记忆。比如第11~20个词语是河马、战舰、跑步者、坚果、游艇、风格、省略、喷水、小猫、羽毛，这里面有部分词比较抽象，就需要形象转化，比如"风格"我想到有格子的风衣，"省略"想到省略号。我编的故事是这样的：一只河马开着战舰去追一个跑步者，跑步者吃了一个坚果，充满精力，一脚跨上了一艘游艇，他穿上了有格子的风衣，衣服上有一串省略号，他拿着水壶在喷水，喷到小猫身上插着的羽毛上。

（学员 阴亮 绘图）

使用锁链故事法来编故事，脑海中要有清晰的画面，并且还原时要精准想到原来的词汇，要注意"省略"不要写成"省略号"，"游艇"不要写成"快艇"。一般在比赛记忆时，我们会看两到三遍，你可以每记20个词汇，先复习编好的故事，并重点关注易错的词汇，将你能够记住的词汇记完后，再来总复习一遍。

如果你要编的故事有10个甚至20个，这个顺序就需要特别注意，你可以结合地点定桩法，将故事按顺序存放在有序的场景里面。

使用锁链故事法，最担心的就是中间掉链子，有词汇想不起来或者顺序记混淆了，所以大部分选手还是直接使用地点定桩法，一个地点上一般是记忆2个词汇，个别选手是记忆5个词汇。

记忆的步骤：首先在记忆之前，选择要用的地点桩，并且在脑海中回忆两到三遍，假设我要记忆21~40这20个词汇，我需要10个地点桩。请你查看两张图片，10个地点依次是金色花盆、广告牌底座、空调出风口、报架、充电宝架、前台、机器人、显示屏、宣传架、绿植。请你看完在脑海中回忆两遍。

第1个地点是金色花盆，要记忆的是"报纸""知道"，这里"知道"比较抽象，我用拆合法想到"捉知了的道士"，想象金色花盆上面落下一张报纸，盖在了正在捉知了的道士身上。

第2个地点是广告牌底座，要记忆的是"鲍鱼""套头毛衣"，想象广告牌底座，有一只超级大的鲍鱼，正在将毛衣套在一个小朋友的头上。

第3个地点是空调出风口，要记忆的是"恐龙""伞"，想象空调面前有只恐龙，嘴巴叼着一把伞，插进了空调的出风口里。

第4个地点是报架，词汇是"梯子""退休"，"退休"可以想到"退休证"，或者想象老年人，还可以想象"后退的一休哥"，我想象一个梯子倒下来，把报架上面正在后退的一休哥压倒，发出"砰"的一声巨响。

第5个地点是充电宝架，词汇是"石英"和"衣领"，"石英"可能想象成石英钟，但是有可能回忆时想成"钟表"，我会拆合想到"石头做的英雄雕像"，想象在充电宝架子上，一个石头做的英雄雕像居然动了，在整理自己的衣领。

我们先来回忆一下前面10个词汇吧。

第1个地点"金色花盆"是什么？_____

第2个地点"广告牌底座"是什么？ ＿＿＿＿＿＿＿＿＿

第3个地点"空调出风口"是什么？ ＿＿＿＿＿＿＿＿＿

第4个地点"报架"是什么？ ＿＿＿＿＿＿＿＿＿

第5个地点"充电宝架"是什么？ ＿＿＿＿＿＿＿＿＿

我们在记忆时，为了注意两个词汇的顺序，一般是第一个词对第二个词主动出击，或者是按照从左往右、从上往下、从外到内这样的空间顺序来区分，接下来我们继续看后面10个。

第6个地点是前台，要记忆的是"项链"和"吸收"，想象在前台上面，左边一根项链像吸铁石一样，把右边的收音机吸了过去。

第7个地点是机器人，要记忆的是"车库"和"誓约"，想象机器人的头顶上有一个车库，车库里两个人对天发誓，然后签下合约。

第8个地点是显示屏，记忆的词汇是"格子饼"和"拉链"。想象显示屏上有很多格子，格子里面正在烙饼，将饼翻过来，有很多拉链出来了。

第9个地点是宣传架，记忆的词汇是"头痛"和"虹膜"。想象在宣传架上，孙悟空被念咒后头痛不已，眼睛里的虹膜脱落掉在宣传架上。

第10个地点是绿植，记忆的词汇是"失业"和"雨雪"。想象失业的职员，垂头丧气地拿着辞退信，不爽地走在绿植下的雨雪中。

这5个地点，你也尝试回忆一下吧。

"前台"上面的词汇是什么？ ＿＿＿＿＿＿＿＿＿

"机器人"上面的是什么？ ＿＿＿＿＿＿＿＿＿

"显示屏"上面的是什么？ ＿＿＿＿＿＿＿＿＿

"宣传架"上面的是什么？ ＿＿＿＿＿＿＿＿＿

"绿植"上面是什么？ ＿＿＿＿＿＿＿＿＿

请你再看着词汇快速复习一遍，然后把这些词汇默写出来吧。写的时候注意顺序，尽量不要写错别字，然后可以按照计分方法，看看你可以得几分。

请答题：

1. _____　　2. _____　　3. _____　　4. _____

5. _____　　6. _____　　7. _____　　8. _____

9. _____　　10. _____　　11. _____　　12. _____

13. _____　　14. _____　　15. _____　　16. _____

17. _____　　18. _____　　19. _____　　20. _____

　　刚开始练习这个项目，可以从少量的词汇开始，比如20个词汇看2遍，当你3分钟就可以记住，可以尝试增加到40个，如果在5分钟内可以记住，可以增加到60个，这样慢慢增加到100个。

　　当记忆的量更大时，比如记180个，我会看三遍，每60个为一组，记完一组之后及时复习一遍，所有都记完之后再来一次总复习。复习时主要是快速回想图像，然后把那些难写的字强化，也可以用笔做一下记号。最后还有十几秒时，可以快速扫一下刚才做过记号的。

　　如果想要这个项目的成绩比较好，一是对于常见的动物或植物等，要找到图片来熟悉记忆，这样下次遇见时可以直接出图，不需要转化；二是要多训练抽象转形象，平时看到词汇就练习"鞋子拆观众"，慢慢地，有些常见字词就会有固定的形象，比如"保"想到保安，"固"想到固体胶。条件反射了，速度就快了。

▌划重点

　　我来总结一下本节的内容。我先介绍了认证记忆大师考级活动，然后讲解了随机词汇项目的规则，并且举例讲解如何使用锁链故事法和地点定桩法来记忆词汇。

　　这个项目是记忆法非常重要的基本功，就相当于是练武术里的扎马步，所以一定要多加训练，至少达到15分钟记忆100个词汇的水平。

写作业

请尝试用今天分享的方法，记忆41~60这20个词汇。

斑马、手表、飞机、教练、文具、坐浴盆、工作、羊毛、组织、录像、苹果、雨、须、婴儿、骑师、鼓槌、骨、编辑、资格、行政人员

*公众号"袁文魁"回复"ZY"，获取参考联想。

（更多比赛训练试题，请在公众号"袁文魁"回复"比赛试题"，即可获得。也可以在公众号"胡小玲最强大脑"上进行训练。）

第二节　像最强大脑一样，5分钟记住300个无序数字

本节的内容将进入随机数字记忆，要想成为"世界记忆大师"，需要1小时至少要记住1400个数字，截至2020年11月，世界纪录是1小时记忆4620个，5分钟记忆616个。

当我们把数字这项基本功练习扎实时，不仅记忆电话号码、账号密码以及考试里的数据变得更容易，更重要的是，通过它练就的记忆基本功，比如形象、联想、定桩等能力，都可以倍增我们的考试记忆能力。同时它还练就了我们挑战自我极限的心态，以及更加淡定从容的心理素质。

比赛时提供随机产生的阿拉伯数字，每页25行，每行40位，下页是随机生成的训练题。

计分方法是这样的：完全写满并正确的一行得40分。一行里有一个错误或遗漏的，得20分。有两个或以上错误或遗漏，得0分。如果你写的最后一行没有完成，比如从第一个开始只写了29个数字，全部正确就得29分，如果有错漏1处，就减一半，有错漏2处，就按0分计算。在认证记忆大师考级中，"随机数字"记忆时间为15分钟，答题时间是30分钟，得分40分即可达到2级，得分200分就可以达到10级；"快速数字"记忆时间为5分钟，答题时间为10分钟，

5分钟得分20分可达到4级，得分100分可达到10级，相对容易达到。

```
0 4 0 1 3 3 9 3 3 2 4 0 4 8 6 2 8 1 7 4 7 6 0 9 0 4 1 6 0 3 0 3 2 2 5 6 3 9 1 8    Row1

9 5 5 7 3 6 0 2 2 2 2 7 2 9 1 3 4 8 9 2 9 5 2 0 3 2 8 0 2 6 8 5 0 6 0 8 5 2 5 9    Row2

3 1 8 6 0 2 6 1 3 9 5 1 6 0 9 7 1 8 6 8 3 2 0 5 9 7 6 3 9 6 0 4 4 7 1 9 2 0 4 9    Row3

4 8 1 3 1 8 1 9 1 2 9 3 6 4 4 2 7 6 9 8 0 0 6 9 7 7 7 7 8 9 0 9 4 7 8 4 6 0 3 0    Row4

6 5 7 3 8 9 8 1 0 9 7 6 2 8 2 5 4 7 9 5 3 5 7 4 6 3 4 9 1 8 5 2 5 5 3 3 7 2 3      Row5

8 9 0 4 7 7 4 7 5 3 2 7 7 1 7 1 8 8 3 1 0 6 6 2 1 5 2 3 0 0 0 8 6 7 6 1 1 5 2 6    Row6

6 3 7 9 1 0 2 6 9 5 5 5 2 9 5 9 6 5 1 9 2 2 7 2 5 9 7 8 4 6 2 8 4 1 2 1 6 2 8 2    Row7

3 8 7 8 9 5 6 6 4 3 5 8 0 2 3 1 6 4 5 7 0 3 2 9 3 3 1 6 0 1 3 8 6 4 5 5 6 6 2 1    Row8

9 7 7 7 5 4 5 8 6 1 6 3 9 6 9 3 7 9 8 4 7 2 3 2 8 0 7 3 7 8 7 3 2 5 6 8 5 7 1 0    Row9

5 1 8 3 1 4 9 7 4 4 1 3 6 0 8 9 0 1 1 3 8 4 3 6 6 4 4 1 8 4 5 6 3 0 2 5 3 6 8 0    Row10

8 7 2 6 9 0 6 6 4 6 4 6 8 1 6 7 0 5 7 0 8 3 8 5 9 4 1 5 0 2 6 0 3 4 0 7 6 2 3 6    Row11

8 3 9 9 9 7 4 6 3 8 2 4 2 9 9 5 7 7 2 5 8 0 2 0 2 2 5 3 9 7 9 1 2 6 0 3 5 3 5 7    Row12

1 4 6 9 4 2 1 8 0 6 3 3 4 2 8 7 9 5 0 1 0 9 2 1 1 1 7 5 3 7 4 6 3 1 8 5 7 9 6 6    Row13

0 9 1 6 2 9 4 3 3 9 2 1 1 0 0 4 4 1 1 5 6 4 8 3 6 1 5 6 6 1 9 1 3 8 6 5 0 9 4 9    Row14

8 1 6 0 7 9 5 4 8 6 5 6 3 4 7 1 9 2 7 2 3 0 4 4 3 2 1 4 6 5 1 5 1 0 2 4 5 4 0 3    Row15

9 9 9 6 2 4 4 6 9 2 2 7 7 1 4 5 5 7 2 0 2 6 3 9 9 7 7 1 5 5 3 7 3 6 1 4 0 7 7 2    Row16

0 7 5 9 2 6 4 3 4 3 5 7 1 9 7 0 7 9 2 7 2 9 9 9 4 3 9 8 6 8 5 6 1 9 1 4 8 9 1 7    Row17

1 9 9 7 4 4 3 8 7 3 4 0 8 5 4 0 7 8 6 5 1 1 2 6 0 4 6 0 2 9 0 8 3 4 5 6 8 9 1 8    Row18

5 3 0 1 3 5 6 3 7 8 7 0 1 3 6 5 7 8 5 6 9 4 9 5 5 7 0 8 2 9 4 5 4 2 0 4 1 7 9      Row19

3 8 9 8 9 5 8 4 6 9 2 1 7 1 2 0 7 4 5 2 8 1 0 5 2 0 7 6 5 7 1 6 1 7 2 6 1 6 3 8    Row20

7 1 7 4 4 7 4 2 7 5 7 2 3 4 7 0 0 1 3 5 2 0 2 6 8 0 6 4 1 1 1 2 7 8 8 6 9 6 3 1    Row21

9 9 5 8 3 6 6 3 7 2 3 3 9 0 4 5 1 9 6 8 5 6 0 1 7 9 0 9 5 3 8 2 8 2 3 9 7 1 2 6    Row22

4 3 2 7 9 1 6 0 0 6 8 7 6 6 1 1 2 4 9 4 3 3 3 6 5 3 0 3 6 5 7 2 5 4 1 8 1 4 6 9    Row23

5 8 7 7 8 1 3 5 8 4 5 5 8 9 9 0 1 2 1 2 2 9 9 1 0 9 9 1 6 1 7 6 7 9 6 0 9 7 0 9    Row24

1 2 0 7 9 1 8 9 8 9 7 3 0 2 2 5 7 5 2 1 5 7 3 5 7 1 4 3 1 8 9 6 0 8 4 8 9 3 3 9    Row25
```

想要记住大量的数字，第一步就是要将数字变成形象的编码。

编码的方式有三种：

（1）通过形状，比如11像梯子、1像蜡烛、2像鹅。

（2）通过发音，有的通过谐音的方式，比如25谐音为二胡，45谐音为师傅，也可以通过它们发出的声音，比如火车发出了"呜呜"的声音，可以将55编码成火车。

（3）通过意义，用得比较多的是节日，比如38妇女节，61儿童节，也可以用一些常识，比如猫有九条命，所以09编码为猫。

我将数字00~99都编好码了，在文字版里，编码的方式都注明了，未备注的均为谐音。同时我还提供了图片版，方便你联想出画面。

（清晰大图版的图片编码，请在公众号"袁文魁"回复"数字编码2020"，即可获得。）

袁文魁公众号

记忆魔法师2020年数字编码表（文字版）

01 灵药：灵芝	02 铃儿	03 三脚凳（形）	04 零食：瓜子
05 手套（形）	06 手枪（6发子弹）	07 锄头（形）	08 溜冰鞋（8个轮子）
09 猫（9条命）	10 棒球（形）	11 梯子（形）	12 椅儿
13 医生	14 钥匙	15 鹦鹉	16 石榴
17 仪器：酒精灯	18 腰包	19 衣钩	20 按铃
21 鳄鱼	22 双胞胎	23 和尚	24 闹钟（1天24小时）
25 二胡	26 河流	27 耳机	28 恶霸：强盗
29 恶囚	30 三轮车	31 鲨鱼	32 扇儿
33 闪闪红星	34（凉拌）三丝	35 山虎	36 山鹿
37 山鸡	38 妇女（节日）	39 三角尺	40 司令
41 蜥蜴	42 柿儿	43 石山	44 蛇（嘶嘶声）
45 师傅：唐僧	46 饲料	47 司机	48 丝瓜
49 湿狗	50 奥运五环（5个环像0）	51 工人（节日）	52 鼓儿
53 武松	54 巫师	55 火车（呜呜声）	56 蜗牛
57 武器：坦克	58 尾巴：松鼠	59 蜈蚣	60 榴莲
61 儿童（节日）	62 牛儿	63 流沙：沙漏	64 螺丝
65 尿壶	66 溜溜球	67 油漆刷	68 喇叭
69 料酒	70 冰激凌	71 机翼：飞机	72 企鹅
73 花旗参	74 骑士	75 起舞：舞者	76 汽油桶
77 机器人	78 青蛙	79 气球	80 巴黎铁塔
81 白蚁	82 靶儿	83 芭蕉扇	84 巴士
85 宝物：元宝	86 背篓	87 白旗	88 爸爸
89 芭蕉	90 酒瓶	91 球衣	92 球儿
93 旧伞	94 教师	95 救护车	96 旧炉
97 酒器	98 球拍	99 脚脚	00 望远镜（形）
0 游泳圈（形）	1 蜡烛（形）	2 鹅（形）	3 耳朵（形）
4 帆船（形）	5 秤钩（形）	6 勺子（形）	7 镰刀（形）
8 眼镜（形）	9 口哨（形）	-	-

记忆魔法师数字编码表 2021 版

00 望远镜	01 灵药 (灵芝)	02 铃儿	03 三脚凳	04 零食 (瓜子)
05 手套	06 手枪	07 锄头	08 溜冰鞋	09 猫
10 棒球	11 梯子	12 椅儿	13 医生	14 钥匙
15 鹦鹉	16 石榴	17 仪器 (酒精灯)	18 腰包	19 衣钩
20 按铃	21 鳄鱼	22 双胞胎	23 和尚	24 闹钟
25 二胡	26 河流	27 耳机	28 恶霸 (强盗)	29 恶囚
30 三轮车	31 鲨鱼	32 扇儿	33 闪闪红星	34 三丝

35 山虎	36 山鹿	37 山鸡	38 妇女	39 三角尺
40 司令	41 蜥蜴	42 柿儿	43 石山	44 蛇
45 师傅 (唐僧)	46 饲料	47 司机	48 丝瓜	49 湿狗
50 奥运五环	51 工人	52 鼓儿	53 武松	54 巫师
55 火车	56 蜗牛	57 武器 (坦克)	58 尾巴 (松鼠)	59 蜈蚣
60 榴莲	61 儿童	62 牛儿	63 流沙 (沙漏)	64 螺丝
65 尿壶	66 溜溜球	67 油漆刷	68 喇叭	69 料酒
70 冰激凌	71 机翼 (飞机)	72 企鹅	73 花旗参	74 骑士

| 75 起舞（舞者） | 76 汽油桶 | 77 机器人 | 78 青蛙 | 79 气球 |

| 80 巴黎铁塔 | 81 白蚁 | 82 靶儿 | 83 芭蕉扇 | 84 巴士 |

| 85 宝物（元宝） | 86 背篓 | 87 白旗 | 88 爸爸 | 89 芭蕉 |

| 90 酒瓶 | 91 球衣 | 92 球儿 | 93 旧伞 | 94 教师 |

| 95 救护车 | 96 旧炉 | 97 酒器 | 98 球拍 | 99 脚脚 |

| 0 游泳圈 | 1 蜡烛 | 2 鹅 | 3 耳朵 | 4 帆船 |

| 5 秤钩 | 6 勺子 | 7 镰刀 | 8 眼镜 | 9 口哨 |

第一步就是要熟悉编码，看到数字能瞬间想到编码的形象。我们可以分批来解决，每批记住20个编码，看完一两遍编码表之后，就开始尝试回忆，想不起来的重点强化。当100个都熟悉之后，我们可以练习从00想到99，从99想到00，把没有反应出来的写在纸上，再来集中复习。

刚开始训练时可以尝试读出来，特别是一些谐音编码，比如看到14，先读出"14"并读出谐音"钥匙"，再由"钥匙"想到编码图片，当我们大量的练习之后，就会看到14直接想到编码图片，不需要文字或声音作为桥梁。

初步熟悉编码之后，想要提高编码图像的清晰度和生动性，可以运用观察记忆法里学到的"七字真言"：色形动声味感想。比如15鹦鹉，闭眼在脑海中呈现形象，要看到彩色的，而且是立体的鹦鹉，然后想象鹦鹉在扇动翅膀，嘴里发出声音："你好！你好！"感受你此时的感觉，还可以发挥想象，让鹦鹉变大、缩小等。这个练习可以每天拿几个编码来做，利用一些零碎时间完成。

第二步，进行专门的读数训练，目的是训练让数字瞬间反应为编码。我们看到每两位数，就在脑海中想到图像，这个训练需要计时，以此来提升你的速度。刚开始训练时，我们直接想出静态的图片，熟练之后，还可以让图片动起来。

我们一起来训练一轮读数，初学者可以从40个数字开始：

8472679769745162660634866393878393327482

我来分享一下我的脑中图像：

84，巴士迎面快速开过来；72，企鹅将翅膀拍在一起；67，拿起油漆刷刷油漆；97，酒器倒酒流得到处都是；69，拿起料酒瓶砸下去；74，骑士骑着马在飞奔；51，工人用电钻在钻东西……

读完40个，可以将时间写在旁边，然后把没想起来或反应慢的编码画个圈，找出图像来复习一下。读数练习40个是基础，当你能够15秒读完40个数字时，就可以练习80个，逐步增加到120个、160个，甚至一次训练1000个。读数训练是为记忆打好基础，刚开始的两周可以重点训练，当你5分钟能记100个数字时，可以不再读数。

第三步，是数字联结训练。当你的数字编码比较熟练，比如读40个数字能稳定在15秒左右时，就可以加入联结训练。联结训练就是前一个编码对后一个发生动作。比如25和32，二胡和扇儿，可以想象二胡拉的时候前面尖的部分捅破了扇儿，也可以想象二胡像锯子一样锯破了扇儿，或者拿着二胡像锤子一样砸向扇儿，等等。平时可以随机拿出两个编码，至少想到3种以上的联结，让自己的思维打开，然后从中挑取喜欢的，以后变成固定的联结，比如2532，我现在瞬间反应出来的，就是二胡在锯扇儿。

正式的联结训练也是要计时的，两个编码进行快速联结，接下来是下面的两个。联结想要迅速，就要平时多练习，形成条件反射。刚才那组数字我来示范一下如何联结：

8472679769745162660634866393878393327482

84巴士72企鹅（巴士撞飞了一只巨大的企鹅）

67油漆刷97酒器（用油漆刷刷新了酒器）

69料酒74骑士（料酒淋得骑士满身都是）

51工人62牛儿（工人的电钻钻到了牛儿的腿上）

66溜溜球06手枪（溜溜球甩出去砸弯了手枪）

举例到此为止。联结练习从40个数字开始慢慢增加，40个在20秒内完成就可以考虑增加了，慢慢增加到80个、120个甚至到1000个，争取达到1000个在8分钟之内联结完。我们可以先花20小时做联结的训练，再考虑加入实战记忆。

第四步，实战记忆训练。参加记忆比赛时，几乎所有的选手都是使用地点定桩法，中国选手一般是1个地点记忆4个数字，所以要记住40个数字需要10个地点。我们先来熟悉一下今天要用的这组地点，请看右图，这是我在武汉大学Greenhouse花房咖啡拍摄的。地点按照顺时针方向，依次是吉他、黑沙发、茶几、抱枕、塑料花盆、木偶、书架、小桌子、树叶、椅子。

请看接下来要记忆的数字：

2930 2847 7782 7927 3672 9283 9917 0423 2842 3313

记忆方法：

吉他 2930 恶囚 三轮车，想象恶囚用自己的脚镣，砸到停在吉他上面的一辆小三轮车上，砸出了一个很大的洞，把吉他也砸烂了。

黑沙发 2847 恶霸 司机，在黑沙发的左边，一个恶霸一拳打到手拿方向盘的司机，将他打倒在沙发上面。

茶几 7782 机器人 靶儿，在茶几上的花盆上坐着机器人，它对着茶几右边的靶儿射出火箭炮，靶儿的残渣掉到了茶几上。

抱枕 7927 气球 耳机，气球系着耳机使劲想拉它往上飞，耳机紧紧地夹住抱枕死死不肯飞走。

塑料花盆 3672 山鹿 企鹅，在中间的塑料花盆里有一只小山鹿，用它的鹿角顶着右边花盆里的企鹅肚子，企鹅疼得都流出了血。

木偶 9283 球儿 芭蕉扇，一个球儿从左边射过来，射中了木偶手里拿着的芭蕉扇，正好卡在了扇子里面。

　　书架　9917　脚脚　仪器（酒精灯），伸脚踢到了书架上的酒精灯，酒精流到书架上，着起大火。

　　小桌子　0423　零食（瓜子）　和尚，一把瓜子飞起来，射向坐在桌子上的小和尚光光的脑袋上，脑袋上插满了瓜子。

　　树叶　2842　恶霸　柿儿，在树叶的上面，恶霸用拳头打到树上结的柿儿上，把柿儿打得汁液溅满了树叶。

　　椅子　3313　星星　医生，一颗星星从天上飞下来，落到了坐在椅子上面的医生，将他头顶的帽子点燃了，疼得医生直叫唤。

　　看完之后，你可以尝试再复习一遍，并且将这40个数字默写出来，并且核对答案。

　　请答题：

<hr>

　　刚才讲到的是实战记忆的方法，整个训练的流程如下：

　　（1）开始前的准备。准备好数字训练表、秒表、笔等工具，挑选好需要使用的地点，在脑海中复习2~3遍。然后可以做几次深呼吸，让自己的心平静下来，心里可以给自己积极的暗示："我的记忆力非常棒，我一定可以完全正确记住这些数字！"

　　比赛开始前会有"1分钟准备时间正式开始"的提醒，这时依然是调整状态和复习地点为主，当提醒"10秒准备"时，可以在大脑里想到第一个地点，当提醒"脑细胞准备，开始"时，就可以快速把训练表翻过来，开始尝试记忆。平时训练时，可以自己喊口令，自己在开始时按下秒表或倒计时工具。

　　（2）正式的记忆环节。一般训练40~120个数字，对自己要求高的选手，会练习一遍记忆，这个难度是有点高的，练到更多时可以在记完一遍后再快速复习一遍。比赛时如果时间还有多出来的，你可以根据情况，决定是再复习一遍还是抢记新的数字。平时训练时，我们计划要记的数字记完了，你就可以按下秒表，然后开始闭眼回想地点上的图像，然后再写出答案。

（3）**核对答案并总结**。核对答案是一种及时的反馈，根据反馈来总结并进行有效调整，才是刻意练习。总结可以从心法和技法两个层面展开，心法即训练时的心理状态怎么样，是不是过度紧张，有没有走神，节奏有没有打乱等。技法则要从编码、联结、地点三个方面去总结，包括编码不熟、编码混淆、联结不紧密、地点遗漏、地点空白等很多情况，总结完之后，要在记录本上记下每次训练的成绩、正确率、错误的地方、总结的内容、改进的建议等，并且写下鼓励自己的话。

数字记忆训练，能够达到5分钟记忆100个的水平，我觉得应对日常生活中的数字记忆就小菜一碟了，如果想要未来挑战成为"世界记忆大师"，至少5分钟要记对240个，才有可能1小时记对1400个。其实要成为"世界记忆大师"不难，很多选手只投入了几百小时的训练，有些还是利用工作或学习的业余时间，你也可以尝试挑战一下！

关注公众号"袁文魁"，点击菜单栏找到"脑友记"，可以看到很多"世界记忆大师"的蜕变故事，也期待你能够挑战成功！

▍划重点

我来总结一下本节的内容。我讲到了数字记忆的几大步骤，第一步要将数字变成形象编码，第二步是熟悉编码，第三步是读数训练，第四步是联结训练，第五步是实战记忆训练。一般每次训练的流程，包括训练前的准备、正式的记忆、核对答案并总结。

▍写作业

1.请尝试将数字编码表都熟练记住，先达到看到任何一个数字，能够在3秒内反应出编码的水平。

2.尝试将以下几组数字进行联结，将你的联结方式写下来。

（1）2948

（2）3892

（3）8823

（4）8109

（5）8311

（6）2742

*公众号"袁文魁"回复"ZY"，获取参考联想。

（更多比赛训练试题，请在公众号"袁文魁"回复"比赛试题"，即可获得。也可以在公众号"胡小玲最强大脑"上进行训练。）

第三节　60秒记住一副扑克牌，你也可以像"赌神"一样炫酷

本节的内容将进入扑克记忆。王峰曾经在《最强大脑》上以19.8秒记住一副扑克牌，而这个项目目前的世界纪录，是中国选手邹璐建保持的13.96秒。（在公众号"袁文魁"回复"ZLJ"，可以看到"文魁访谈"专栏里采访邹璐建的文章。回复"PK"，可以学习我录制的视频教程。）

要想成为"世界记忆大师"，除了1小时至少要记对1400个数字，还需要40秒内记住一副扑克牌，1小时正确记忆14副扑克牌，同时十项比赛总分达到3000分，扑克在四项标准里占两项，可见它的地位非常重要。

考试项目	认证记忆大师考级赛水平等级									
	1	2	3	4	5	6	7	8	9	10
15分钟随机词汇	20	25	30	40	50	60	70	80	90	100
15分钟随机数字		40	60	80	100	120	140	160	180	200
5分钟虚拟日期事件			6	8	10	12	14	16	18	20
5分钟快速数字			20	30	40	50	60	80	100	
5分钟快速扑克			10	20	30	40	50	52		
10分钟随机扑克					一整副	65张	1.5副	91张	两整副	
听记数字							190	220	250	280
5分钟二进制							20	30	40	
15分钟抽象图形								75	100	
5分钟人名头像									20	
备注	数字是各个级别需要达到的正确数量，成绩评定按照世界记忆锦标赛的评分标准。									

相比较而言，参加认证记忆大师考级赛，即使达到
10级，只需要"快速扑克"达到5分钟内记忆1副牌，
"随机扑克"达到10分钟内记忆2副牌，相对比较容
易，一般人训练20~40小时就可以达到。

第一步，对扑克进行编码。比赛时不需要大小王，
所以只有数字牌和人物牌，一共有52张。我们先对花色
进行编码，黑桃上面是1个尖的，代表1；红桃上面是2
边对称，代表2；梅花则是有三瓣，代表3；方块是有4
个角，代表4。

接下来，将花色和数字配对，花色作为十位数，数字作为个位数，比如黑
桃A就是11，黑桃2就是12，黑桃10就是10，依此类推。人物牌怎么办呢？可
以把J、Q、K分别定义成5、6、7，它们作为十位数，花色作为个位数，所以
J的黑桃、红桃、梅花、方片分别是51、52、53、54，Q分别是61、62、63、
64，K分别是71、72、73、74。所有的扑克牌都变成数字，就可以直接用数字
编码了。请参考扑克牌编码图片。

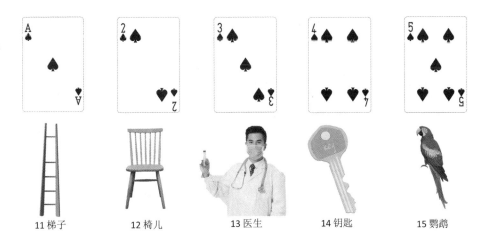

11 梯子　　　　12 椅儿　　　　13 医生　　　　14 钥匙　　　　15 鹦鹉

16 石榴　　　17 仪器：酒精灯　　　18 腰包　　　19 衣钩　　　10 棒球

21 鳄鱼　　　22 双胞胎　　　23 和尚　　　24 闹钟　　　25 二胡

26 河流　　　27 耳机　　　28 恶霸：强盗　　　29 恶囚　　　20 按铃

31 鲨鱼　　32 扇儿　　33 闪闪红星　　34（凉拌）三丝　　35 山虎

36 山鹿　　37 山鸡　　38 妇女　　39 三角尺　　30 三轮车

41 蜥蜴　　42 柿儿　　43 石山　　44 蛇　　45 师傅：唐僧

46 饲料　47 司机　48 丝瓜　49 湿狗　40 司令

51 工人　52 鼓儿　53 武松　54 巫师

61 儿童　62 牛儿　63 流沙：沙漏　64 螺丝

71 机翼：飞机　　72 企鹅　　73 花旗参　　74 骑士

第二步是要熟悉编码。 最开始练习时，我先是练习看到牌快速说出数字的能力，比如方块4就是44，黑桃3就是13，一两个小时就很熟悉了。接下来练习看到扑克反应编码，比如黑桃5就是鹦鹉，刚开始，反应过程会是，先想到对应的数字15，再想到15对应的编码文字"鹦鹉"，最后再想到"鹦鹉"的形象，大量练习之后，便可以熟能生巧，直接看到扑克牌左上角就想到编码形象。

第三步是练习读牌。 读牌的原理和读数一样，我们一般是左手拿扑克牌，左手的大拇指依次把牌推到右手，每推一张就想到编码形象，直到所有的牌推完为止，推的时候幅度不要太大，只要保证看到牌的左上角即可。读牌要用秒表记录时间，当可以40秒左右读完时，就可以进行下一步练习。当可以20秒读完时，就不用再练读牌。

第四步是练习联结。 练习联结时有的选手是一张张推牌，我习惯是两张牌一起推，推过去的时候完成联结。一般来说，我们是右边的那张主动作用于左边的那张，以图片中的扑克为例。

第一组是桃花J和红桃Q，

编码是53武松和62牛儿，想象武松手拿着双刀，砍到了牛儿的牛角，把两个角砍掉了。

第二组是黑桃4和红桃9，编码是14钥匙和29恶囚，想象钥匙打开了恶囚的脚镣，恶囚开心地在庆祝。

第三组是黑桃7和黑桃10，编码是17仪器（酒精灯）和10棒球，想象酒精灯里的酒精喷出来，沾满了棒球棍，棒球棍被点燃了。

我相信分享了三组，你已经可以理解了。

第五步是实战记忆。当可以40秒左右联结一副牌时，就可以尝试练习记忆了，刚开始可以从20张甚至10张开始。当能够保证很稳定地看一遍就能够全对，就增加到40张，直到一副牌。

记忆时依然是要用地点定桩法，一般是两张牌放在一个地点桩上，所以一整副牌需要26个地点，我这里就以这5个在Greenhouse花房咖啡找的地点为例，示范一下扑克牌记忆的方法。第一个地点是阅读亭，第二个地点是绿花盆，第三个地点是木头架子，第四个地点是水缸，第五个地点是楼梯扶手。

我们要记忆的扑克牌请看图片。

第一个地点是阅读亭，扑克是梅花3和梅花4，编码是33星星和34三丝，想象一颗红星从天上落下，一个尖角扎到了阅读亭顶上放着的一盘三丝里。

第二个地点是绿花盆，扑克是黑桃K和黑桃A，编码是71机翼（飞机）和11梯子，想象飞机从左往右，飞到靠在绿花盆的梯子里，卡住了。

第三个地点是木头架子，扑克是梅花5和红桃K，编码是35山虎和72企鹅，想象有一只山虎在木头架子左边，它张开爪子扑向右边的企鹅，把它按在了木头架子上面动弹不得。

第四个地点是水缸，扑克是方片K和方片9，编码是74骑士和49湿狗，想象骑士在水缸的左边，骑的马的蹄子扬起，把一只狗踩进了水缸里面，狗湿漉漉的在甩身上的水。

第五个地点是楼梯扶手，扑克是梅花K和方片5，编码是73花旗参和45师傅，想象有一只手拿着花旗参，用它的触须去刷师傅扶在楼梯上的手，师傅感觉很痒，就松了手咯咯笑起来。

现在，你来尝试一下，看能否回忆起来吧。一般记完之后，你可以将扑克反过来放在桌子上，闭上眼睛回想，并且将答案写下来。

第六步，核对答案并且总结。在训练过程中，出现地点上空白的情况是正常的，原因可能是，记忆时太过紧张、注意力不集中、记忆的节奏乱等，还有可能是以下三个方面：

（1）地点的原因，有些人对地点不够熟悉，记忆时会遗漏某些地点，还有的地点太小了，太高了，太暗了，与其他地点之间距离太近了，这些都可能导致记忆的失误，需要我们总结后调整。一般来说，地点每天使用一次最好，如果要大量训练，要多准备一些地点备用，一天使用的次数过多，也会导致混淆。

（2）编码的原因，在记忆时可能没有想到编码形象，有少部分人只是用语言来编故事，并没有看到。看到了，就会记住。而且，脑海中的图像越是清晰、生动，并且能够融入听觉、感觉、触觉等感官，记忆的印象就会越深刻。

（3）联结的原因，可能是和地点的联结不够紧密，如果只把注意力放在两个编码的联结，而忽略了地点，就容易忘记。刚才示范的五组，湿狗在水缸里，师傅是扶着扶手的，这些都和地点之间有一些互动，就会帮助我们更好地想起来。

通过我们不断训练并且总结调整，我们的准确率就会越来越高，当然，要想在比赛时看一遍记住，即使是世界冠军也不是每次都可以成功，但是他们至少有50%以上的胜算。在实际比赛时，快速扑克会有两次机会，取你的最好成绩，所以部分选手会第一次看两遍，以保证自己可以全对，第二次挑战更快的速度一遍完成，如果准确度比较高，也可以两次都挑战看一遍。

我最后来讲讲比赛的规则，可以更好地指导平时的训练。"快速扑克"项目需要自备四副扑克牌，两副牌用于记忆，要提前打乱，另外两副用于回忆摆牌，是按照顺序的。扑克牌必须用盒子装好，贴上标签，标签上包括选手姓名、比赛ID号、第几轮、是记忆牌还是回忆牌。大家可以看看图片里我的扑克，标签写着：Yuan wenkui、ID号：666、记忆①。

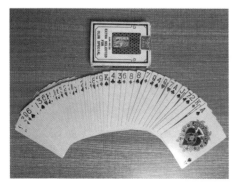

比赛时，选手都统一使用史塔克魔方计时器（自备），开始前，会有裁判为你洗你的记忆牌，洗完之后放在盒子上，此时你可以回忆地点桩，或者通过深呼吸调整状态。

裁判发出"1分钟准备时间现在开始"时，不能碰牌，可以继续调整状态。裁判说"10秒"时，可以用左手拿起扑克，但不能看到牌，此时确保计时器打开，然后双手放在计时器两边，这时红灯和绿灯都会亮起。

当听到"脑细胞准备，开始"的口令之后，你可以拿起扑克开始记忆。你有5分钟时间可以记忆，当你记忆完毕，双手放在计时器上时，结束计时。当你结束计时之后，又重新拿起扑克牌记忆，记忆时间就算是5分钟。

当你记忆完毕，如果5分钟时间没有结束，你此时可以闭眼回忆地点桩上的扑克，如果有个别地点想不起来，还可以用排除法推理。当时间结束后，裁判说："5分钟摆牌时间现在开始。"你就可以拿出你的回忆牌，摊开在桌子上面，按照你刚才记忆的顺序，依次把每一张牌找出来。

快速扑克牌计分纸：

ATTEMPT 1　WORLD MEMORY CHAMPIONSHIP:SPEED CARDS RECORD SHEET

NAME OF COMPETITOR:

STOPWATCH READING : :　　·

NUMBER OF CARDS CORRECTLY RECALLED:

5分钟结束后，裁判会拿着你的记忆牌，和你手上的回忆牌一一核对，如果完全正确，你的时间有效，如果出错，就计为5分钟，并且你从哪里开始出错，前面的算你对的张数。你的成绩就会被写在一张计分纸上，最后通过一个计分公式，变成比赛的最后得分。一旦你记忆出错，最终的分数就很低了，所以一定要全对。

　　如果是"随机扑克"，也是自备扑克，盒子上要贴上标签，写上选手姓名、比赛ID号和扑克牌的序号，比如某某某第1副，某某某第2副等，报到时交给组委会。在正式比赛时，就按照扑克牌的序号一副副记忆，答题是在答题纸上作答，每页答题纸可写2副牌，每一张牌找到相应的花色，写上对应的数字或字母即可。（本部分世界记忆锦标赛赛事真题由亚太记忆运动理事会授权，欲获取更多相关资讯，请登录世界记忆锦标赛中文官网http：//www.wmc-china.com。）

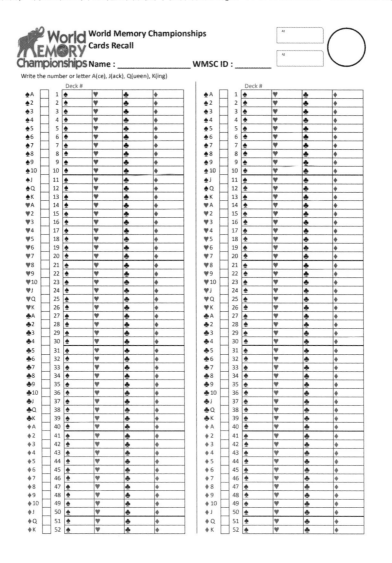

随机扑克的评分规则是这样的：每副完整并正确回忆的扑克牌得52分，如有一个错处（包括空白）得26分，两个或以上的错处得0分。写的最后一副牌没写完，如果从第一张起写了38张，全部正确则得38分，有一处失误就减半，两处及以上失误就是0分。

这项比赛对准确度要求比较高，一般10分钟记忆时，选手会至少看两遍，世界记忆锦标赛时，"随机扑克"记忆时间为1小时，选手会看两遍至四遍，目前世界纪录是朝鲜选手在2019年创造的48副，而她只是普通在校大学生，每天训练几个小时，训练时间不到一年。扑克记忆比数字记忆有趣，练好了还可以作为一项才艺，在公众场合让亲朋好友刮目相看，可以练起来！

▍划重点

我来总结一下本节的内容。我讲到了扑克记忆训练的步骤：第一步要将扑克变成形象编码，第二步是熟悉编码，第三步是读牌训练，第四步是联结训练，第五步是记忆训练，第六步是核对答案并总结。最后我分别讲解了"快速扑克"和"随机扑克"的比赛规则和计分方式。欢迎喜欢挑战的你，去拥有这个炫酷的神技。

▍写作业

请尝试将扑克编码表都熟练记住，先达到看到任何一张扑克，能够在3秒内反应出编码的水平。

篇外 Double你的记忆能量，感受自己的大脑改变

这本书的一系列内容分享，即将要进入尾声，你的记忆法学得怎么样？有跟着完成每章的作业吗？有感受到记忆法的魔力吗？记忆法不是一种知识，而是一种技能，随着我们不断的训练，记忆力会越来越强大，记忆的速度会越来越快。本部分将要进行学后测试，我们初步来看看大家学习的成果，同时我也

会分享一些以后训练的心法。

我们的测试依然是学前测试的四项，测试的题量会比学前测试要大，形式上也会适当调整，我会提示你如何选用记忆法。

现在你需要找一个安静的环境，准备一支笔和一张纸，将手机调到飞行模式，然后你可以把手机的秒表功能准备好。

测试前，依然可以做几次深呼吸，放松自己的心情，告诉自己："我学过记忆法，我的记忆力非常棒！"

第一项测试：短时记忆容量测试

还记得上次你的短时记忆容量是多少吗？没有使用记忆法的情况下，一般人记忆数字是7个左右，如果方法不改变，能够提升的空间比较有限。我们学习过随机数字记忆法之后，你是否已经熟练掌握了数字编码？是否能够用地点定桩法来记忆数字？刚开始你不熟练时，可能速度会比较慢，就像初学骑车、开车一样，还不如走路快，但是经过长时间的刻意练习，就会是7个的10倍甚至几十倍。

我提供了80个数字，请你预估一下5分钟你的记忆量，准备好足够的地点桩，然后将你的手机倒计时调到5分钟。

好，准备一下你的状态，然后自己开始测试吧！

0358 1328 5529 0355 6374

9382 8819 2749 2782 8738

0913 3892 8829 8710 8201

9354 3479 0938 8293 8478

2903 4872 9048 3782 9093

请答题：

_____

_____

_____

_____

记完核对一下，你记对了多少个数字呢？如果能够达到20~40个，作为初学者也还是可以的；如果有40~60个，说明你花时间训练了；如果能够达到80个，接下来就朝着120个、160个继续加油吧！

第二项测试："联想学习"记忆测试

这个测试借鉴了韦氏记忆量表，这里有20对词语，每对词语看一遍，所有词语看完之后，停顿5秒。再看后面每对词语的前一个词，写出后一个词，回答对1个词可以得1分。请大家在看每对词语之后，迅速使用配对联想法，将两个形象紧密地联系起来。

现在，脑细胞请准备好，测试开始！

（1）气球　　杯子

（2）母鸡　　帽子

（3）丝巾　　书包

（4）山羊　　手机

（5）火箭　　柚子

（6）救护车　玉米

（7）天气　　香水

（8）松鼠　　冬瓜

（9）裤子　　香蕉

（10）孔雀　　熊猫

（11）狮子　　西瓜

（12）遥控器　生命

（13）玫瑰　　珠宝

（14）香烟　　骷髅

（15）直升机　月球

（16）海豚　　恋爱

（17）神仙　　扑克

（18）奇迹　骨头

（19）安全帽　大楼

（20）美人鱼　钢笔

请答题：

（1）气球　　_____

（2）母鸡　　_____

（3）丝巾　　_____

（4）山羊　　_____

（5）火箭　　_____

（6）救护车　_____

（7）天气　　_____

（8）松鼠　　_____

（9）裤子　　_____

（10）孔雀　　_____

（11）狮子　　_____

（12）遥控器　_____

（13）玫瑰　　_____

（14）香烟　　_____

（15）直升机　_____

（16）海豚　　_____

（17）神仙　　_____

（18）奇迹　　_____

（19）安全帽　_____

（20）美人鱼　_____

你是否全部写出来了呢？你来核对一下，自己对了多少个呢？看看这次有没有比学前测试记得多呢？哪怕是多了两三个，也要给自己鼓励。每次进步一点点，最后终有大成功！

第三项测试："随机词汇"记忆测试

这个测试是韦氏记忆量表"图片回忆"的改版，将图片用中文词汇的方式呈现出来，学前测试时，我提供了30个词汇，这次我将呈现40个词汇，以免有朋友不够记。请用120秒钟进行记忆，记完之后请按照顺序默写出来。如果使用锁链故事法，建议每10个编一个故事；如果使用地点定桩法，建议提前准备好地点桩，在脑海中回忆两三遍。

现在，如果你做好了准备，请将手机倒计时调到120秒，并且开始尝试记忆下面的词汇。

蜘蛛侠	平衡车	楼房	鹦鹉	苹果
战斗	凤凰	墨水	瀑布	地平线
超人	铅笔	单词	记忆法	故宫
伤心	小猪佩奇	桌子	西藏	南极
胡萝卜	蜗牛	棒球	冥王星	中学
哭笑不得	蚂蚁	绿油油	桂花	摩托车
无花果	战斗机	日历	奋斗	自由女神
太平洋	统一	白菜	中国石化	移动

请答题：

1. _____　　2. _____　　3. _____　　4. _____

5. _____　　6. _____　　7. _____　　8. _____

9. _____　　10. _____　　11. _____　　12. _____

13. _____　　14. _____　　15. _____　　16. _____

17. _____　　18. _____　　19. _____　　20. _____

21. _____　　22. _____　　23. _____　　24. _____

25. _____　　26. _____　　27. _____　　28. _____

29. _____　　30. _____　　31. _____　　32. _____

33. _____ 34. _____ 35. _____ 36. _____

37. _____ 38. _____ 39. _____ 40. _____

当你答题完毕时，请你核对答案，看看规定的时间内，你有没有比上次记得更多呢？

第四项测试："文字材料"记忆测试

文字材料的测试，难度系数不好控制，学前测试我们拿"武汉大学"官网的介绍为测试题，这次我们就拿"北京大学"官网的介绍来测试，适当有所删减，共有910字。字数增加，干扰的内容也会增加，在记忆时，重点关注一些时间、地点、名字以及其他你觉得有价值的信息，尝试在脑海中浮现出形象，也可以把形象依次储存在地点桩上。

预备，开始！

北京大学创办于1898年，初名京师大学堂，是中国第一所国立综合性大学，也是当时中国最高教育行政机关。辛亥革命后，于1912年改为现名。

作为新文化运动的中心和"五四"运动的策源地，作为中国最早传播马克思主义和民主科学思想的发祥地，作为中国共产党最早的活动基地，北京大学为民族的振兴和解放、国家的建设和发展、社会的文明和进步做出了不可替代的贡献，在中国走向现代化的进程中起到了重要的先锋作用。爱国、进步、民主、科学的传统精神和勤奋、严谨、求实、创新的学风在这里生生不息、代代相传。

1917年，著名教育家蔡元培出任北京大学校长，他"循思想自由原则，取兼容并包主义"，对北京大学进行了卓有成效的改革，促进了思想解放和学术繁荣。陈独秀、李大钊、毛泽东以及鲁迅、胡适等一批杰出人才都曾在北京大学任职或任教。

1937年卢沟桥事变后，北京大学与清华大学、南开大学南迁长沙，共同组成长沙临时大学。不久，临时大学又迁到昆明，改称国立西南联合大学。抗日战争胜利后，北京大学于1946年10月在北平复学。

中华人民共和国成立后，全国高校于1952年进行院系调整，北京大学成为一所以文理基础教学和研究为主的综合性大学，为国家培养了大批人才。据不完全统计，北京大学的校友和教师有400多位两院院士，中国人文社科界有影响的人士相当多也出自北京大学。

改革开放以来，北京大学进入了一个前所未有的大发展、大建设的新时期，并成为国家"211工程"重点建设的两所大学之一。

1998年5月4日，北京大学百年校庆之际，国家主席江泽民在庆祝北京大学建校一百周年大会上发表讲话，发出了"为了实现现代化，我国要有若干所具有世界先进水平的一流大学"的号召。在国家的支持下，北京大学适时启动"创建世界一流大学计划"，从此，北京大学的历史翻开了新的一页。

2000年4月3日，北京大学与原北京医科大学合并，组建了新的北京大学。

近年来，在"211工程"和"985工程"的支持下，北京大学进入了一个新的历史发展阶段，在学科建设、人才培养、师资队伍建设、教学科研等各方面都取得了显著成绩，为将北大建设成为世界一流大学奠定了坚实的基础。今天的北京大学已经成为国家培养高素质、创造性人才的摇篮、科学研究的前沿和知识创新的重要基地和国际交流的重要桥梁和窗口。

请答题：

（1）北京大学最初的名字是?

_____

（2）1917年，哪位教育家出任北京大学校长并进行了卓有成效的改革?

_____

（3）国立西南联合大学由哪些学校组成?

_____

（4）北京大学的校友和教师有多少位两院院士?

_____

（5）2000年北京大学与哪所大学合并?

_____

答案：

（1）京师大学堂。

（2）蔡元培。

（3）北京大学与清华大学、南开大学。

（4）400多。

（5）北京医科大学。

不知道你测试的结果如何？因为你还是初学者，练习还比较少，如果进步不明显甚至还没有以前好，都是比较正常的。学习任何东西，都会有一个"变差"的阶段，只有刻意练习成为高手，技能才能够应用自如。

可能很多人都听说过：刻意练习10000小时可以成为天才。如果每天练习3小时，完成10000小时需要近十年时间，在记忆练习上，你并不需要花这么多时间，大部分选手只花了1000多小时便达到了世界记忆大师水准，部分选手比如王峰、乔纳森等，在这么短的时间内问鼎了总冠军宝座。

对于只想把记忆法用于学习的朋友，连1000小时也不需要，多看这本书并且认真完成练习，便可以达到入门的水准；接下来尝试在你想要精进的领域，比如背唐诗、背单词、背文科知识，先找一个切入点刻意练习至少300小时，你在这个领域也会成为高手。

那怎样才能算是刻意练习？《刻意练习：如何从新手到大师》这本书里说：

（1）要求不断地尝试刚好超出他当前能力范围的事物。比如我学完记忆法挑战背下整本《道德经》和六级单词书，过去我觉得是很困难的，我就尝试去挑战它。成功之后，我又挑战去成为"世界记忆大师"，不断增加难度。

（2）刻意练习包含特定的目标，而不是模糊的大目标，通过达到这些小目标，可以得到量变的积累。目标是可以量化的，并且可以分为阶段性的。比如我挑战背《论语》，确定了要10天挑战记忆完，每天6小时，最终完成15000字左右的背诵。

（3）刻意练习是有意而为的，并且包含反馈，以及根据反馈做出的努力改进。刻意练习不是瞎练，练错了也不知道，所以一般各行各业的高手都有教练或导师，比如李小龙的导师就是叶问。如果未来想在记忆领域成为大师，跟随有经验的教练，学习成长的速度会更快。

这一系列内容学习的结束，其实也只是一个开始。如果你能够发现记忆法的魅力，并且发自内心热爱它，请你多去训练和应用，当你用了，它就会越来越有用，最终它会变成你的本能，你的习惯，成为你的一部分。

记忆法为我带来的，不仅是记忆力的提升，更是打开了大脑的宝库，让我看到了大脑的潜能无穷无尽，我此生都要不断去为大脑赋能，在这个过程中，让生命得以绽放！也愿你们都能够因为记忆法而受益，在记忆宫殿里遇见未知的自己！

后记　在逆境中坚守自己的热爱

在这本书最后一次校稿时，收到了"有书"5周年大会的演讲邀请，主题是"在逆境中成长"。恰好又重温了巴夏的预言《2020，暴风眼之年》，他说："2020年，真是'见鬼'了。2020年，会很疯狂的！好好思量一下：你到底是谁？你真正选择做什么样的决定？以及，它们与你真正希望的世界，是否相符合一致？在暴风雨的中心保持内心的平静，对你来说，有多么地重要！"

回首这一年，才知道这"疯狂"，其中之一指的是"新冠肺炎疫情"，而且它还在全球继续"疯狂"。

我在武汉亲历了新冠肺炎疫情，1月下旬我刚开完《大脑赋能精品班》，小学生《大脑赋能乐学营》正进行到一半。武汉的疫情每天都有最新消息，我邀请乐学营的所有家长开会，劝他们回家，我们会承担所有损失，但家长们都不肯走。于是，我们做好防护措施，陪伴孩子和家长们坚守了三天。

课程结束后的第二天，醒来时看到"武汉封城"的消息，我赶紧让老师们一个个确认，是不是所有孩子都离开了武汉。收到大家平安抵达的消息，我特别地开心，感恩上天的眷顾。

在整个疫情期间，我深知"在暴风雨的中心保持内心的平静"的重要。每天待在家里，外面就是"暴风雨"，各种消息铺天盖地，小区里也有感染者，恐慌和焦虑在蔓延。我很快就开始屏蔽掉各种消息，通过冥想让自己内心平静，同时去观想"我真正希望的世界"，去做出我想要做的选择，就是将心安定在热爱的记忆法事业上。

2019年底，我在"有书"平台上线了《世界记忆大师：超强记忆训练法》音频课，上线一个月就有2万人报名学习，累计有10多万人学习。疫情初期，我还在每周写作稿件并录制课程，这些稿件就是这本书的雏形。感谢对本书有重要贡献的王雪冰、吕柯姣、官晶、晓雪、童勋璧、向慧、文海霖、阴亮、程勇强、杨子悦、韩广军、贾钰茹、李幸漪等所有朋友。

因为课程的热卖，"有书"马上邀请我做一个100节的大课，叫做《100堂颠覆传统的高效记忆课》，里面包含100首唐诗、100个文学常识等大量需要研发的内容。组织讲师团队研发、编订课程的教材、录制课程的视频、完善课程的服务，我有几个月的时间都泡在课程上面，真的也没有精力管"疫情"。

这期间，还为"有书"研发并录制了《世界记忆大师亲授：实用思维导图法》《记忆魔法师的文科高效记忆法》等课程。同时还在创作这本书以及《记忆魔法师2：6个月成为最强大脑记忆大师》《记忆魔法师的小学唐诗记忆法》《记忆魔法师奇遇记》（均为暂定名）等书籍，在公众号开启"文魁专栏"连载，每周分享一篇大脑记忆相关的干货文章，开启了"相对高产"的模式。

2020年，对于很多人来说，可能是逆境，但"外境"如何并不重要，关键是看"心境"。如果不是被迫隔离，我也不会拒绝很多演讲和综艺节目的邀请，还可能会浪费时间在聊各种线下的合作。作为一名讲师，我觉得最根本的还是专心教研，疫情正是用另一种方式提醒我：该沉下心来做一些事情了，把你想做但没有做的，趁这个时间都去做了吧！

于是，我做了！

回首2020年，仿佛是一场梦，但是留下的这些课程，和你手里的这本书籍，都是真实的！它们让我觉得，2020年是我的奇迹之年，我的丰盛之年，而这还只是一个开始，更多的奇迹正在呈现！

所以，对我而言，在逆境中成长的秘诀就是：忘掉逆境，知道自己"希望成为什么样的人"，同时坚守自己的热爱，做就是了！

现在，请你闭上眼睛，做几个深呼吸，在心里问自己几个问题，并将画面想象出来：

我希望我自己成为什么样的人？

我希望我在的世界是什么样子？

我希望接下来的一年，我以怎样的状态度过？

我希望我有限的一生，我以怎样的状态度过？

你的答案，也许将会开启你接下来的人生！

如果有想去做的事情，就大胆去做吧！

如果热爱记忆法，就去训练和应用吧！

如果你明晰今生的使命，就去完成吧！

不论外面发生什么，选择权都在于你，

愿你选择爱、喜悦、平和、智慧和勇气，

愿你能够一直为大脑赋能，让生命绽放！

2020.11.14于武汉